イラストレーター、
最高～～～!!!
YUKKA
ユッカ
中卒アルバイトが
プロになる2年間でやったこと
技術評論社

はじめに

「私高卒だから美大に行ってない、だから絵も上手くない。」
「もう社会人だけど今からイラストレーターを目指すのは遅いですか？」
イラストレーターとしてお仕事をしてみたい方が、こういう悩みを抱えているのをたまに見ます。

「みんな私よりスペック高いんだから大丈夫だよ〜〜!!」

……と、そんな悩みを見ては思っていました。

「中卒」で「アルバイター」。

経歴に誇れるところがない……それどころかいわゆる低スペックな私ですが、ありがたいことに現在は自分の夢を叶えイラストレーターとしてお仕事をしています。

中には学歴やキャリアがないとなれない職業も存在します。けれどイラストレーターのような制作系のクリエイター業であれば、なれるかなれないかは自分自身で決められると思っています。

「私みたいな学歴も職歴もない人間がなれたから大丈夫だよ、自信持って！」というメッセージを発信したくて、YouTubeでの活動を開始しました。

この本では実際に専業イラストレーターになるまでにやったことや、私の考えを書かせていただきました。

また、イラストレーター以外のクリエイター業をしたい方にも参考にしていただける箇所があるかと思います。

なにか少しでもこの本を手に取ってくれた方の参考になればうれしく思います。

ユッカ

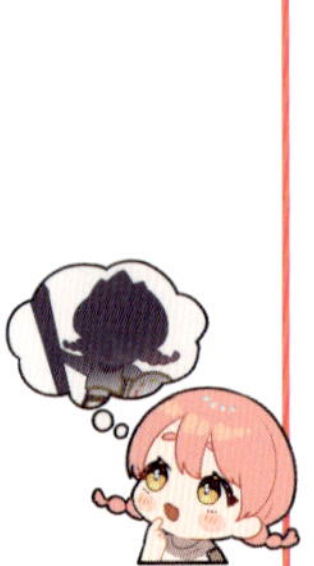

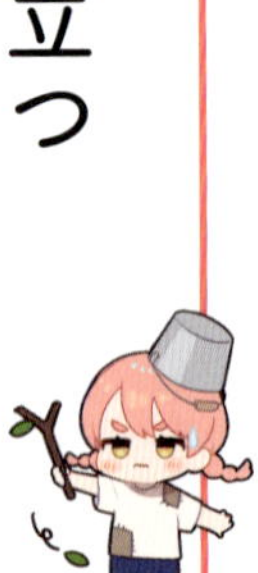

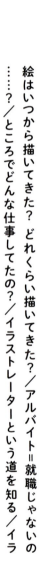

Chapter 3

イラストレーターへの道 1年目

❶ とにかく絵の「勉強」だ！

Chapter 4

イラストレーターへの道 1年目

❷ ポートフォリオをつくる！

Chapter 5

イラストレーターへの道 2年目

❶お仕事の実績をつくる！

Chapter 6

イラストレーターへの道 2年目

❷Xでの直接取引を増やす！

Chapter 7

専業化！ そして一人前の道へ

Chapter 1

イラストレーターは最高だ！

「好き」が仕事になるなんて！

初めまして！　イラストレーターのユッカです。

２０２２年１月から専業イラストレーターとして活動しています。

それまではイラスト制作は完全に趣味。「絵を仕事にしよう」という発想はないまま大人になり、社会人になってもイラストを描くことは趣味の範囲に留め、お仕事はイラスト以外で好きなことをやっていました。

当時の私のイラストレーターに対する印象は「**とんでもなくすごい人**」。私の中でイラストは趣味という認識で、趣味でやっていることで生活ができるほど稼ぐなんてとんでもないことだ!! と思っていました。

ところが。

いざやってみると意外にいける!?

これはとあるイラストレーターさんの話ですが、少し前より最近はイラストである程度の収入が得られている人が増えているそうです。

私個人の見解としても、近年はＶｔｕｂｅｒさんやクリエイターさんのような「活動者」と呼ばれる方が増えている印象で、数年前よりイラストを誰かに依頼したい人は増えたと感じます。

例えばメジャーなところだと**歌ってみた動画をつくりたいからそれに使用するイラストを依頼したい**、というＶｔｕｂｅｒさんや活動者さんは多いですよね。楽曲を制作されている方であれば**ＭＶに使用するイラストを依頼したい**、小説を描かれている方であれば**本の表紙イラストやネット上で宣伝するためのイメージイラストを依頼したい**など……。

「誰かに何かを依頼する」という行為がＳＮＳやＷｅｂサービスを通じて簡単にできるようになった今、シンプルに鑑賞用としてイラストを依頼したいという方もたくさんいらっしゃる印象です。

歌ってみた動画を作りたい人…
楽曲を作る人のMV用イラスト…
音声作品の宣伝、パッケージ用に…
小説を書かれる方の表紙用イラスト…

イラストレーターを目指しはじめたときの私は「大手の企業さんから仕事をもらわないと生活はできない」となんとなく思っていましたが、実際はそんなことはありませんでした。

イラストレーターという職業は、**自分のやり方次第で誰でもなれる**と思っています。これはイラストレーターでなくても、音楽クリエイターさんや3Dモデラー、動画クリエイターさんなどクリエイター系のお仕事には共通していると私は思います。

そしてなにより**クリエイター業はすごく楽しいです!!!**

フリーランスでクリエイター業をすることにはリスクがあることを理解しておく必要がありますが、まずはいったん「イラストレーターはいいぞ!」なお話をさせていただきたいと思います。

喜んでもらえて、繋がっていく。いいことづくし!

2022年から専業イラストレーターとなり、どのお仕事もとても楽しく制作させていただいています!

イラストレーターなので基本的に**イラストを描くお仕事**をしていますが、**Vtuberさん関連のお仕事**でLive2Dを扱うこともあります。

また息抜きにYouTubeで動画投稿をしたり配信活動をしたり、たまにペンタブレットメーカーさんからのご依頼で製品のレビュー動画を制作するなんてこともあります。

イラスレーターという肩書きだけでも
お仕事の種類はたくさん！

このように色々なお仕事をさせていただいていますが、**イラストレーターのお仕事は基本的にポジティブな気持ちの連続！**

私が専業イラストレーターになってからの日々を振り返ってみても、マイナスな感情が生まれた記憶があまりありません。イラストレーターは自分もクライアントさんもポジティブな気持ちになれるお仕事だと思います。

例えば専業イラストレーターになってすぐの頃、イベント販促用のイメージキャラクターイラストを描くお仕事をいただきました。

具体的なご依頼内容は、クライアントさんが描いてくださったラフをもとにブラッシュアップ＋同時に細部のキャラクターデザインを行うもの。

もとになったラフから見栄えが良くなるようにキャラのポーズを微調整させていただいたり、イベントの内容を落とし込んだキャラクターデザインにさせていただいたりと、**クライアントさんのご希望を尊重しながらこちらからもアイデアを提案をしていく**のがとても楽しかったことを覚えています。

最終的にとっても喜んでいただき、私自身もすごくうれしい気持ちになったお仕事でした！

基本的にクライアントさんの
希望そのままを形にしますが…
こんなのも
どうですか？
いいかも！
ご要望によっては
アイデアを提案することも

クライアントさんによってはイメージに迷われている場合も。
アイデア出しも腕の見せどころ！

また、お仕事の中でも特に「こんなにたくさんうれしいことがあっていいのか!?」と感じたのは〝**ユッカfam**〟に関わるお仕事です。

私はVtuberさんのお姿をデザインからイラスト、モデリングまで担当させていただくことがあります。〝ユッカfam〟とはいわゆるVtuberファミリーと呼ばれるもので、**「私がお姿のイラストを担当させていただいたVtuberさんたち」**のことをそう呼んでいます。

例えばVtuberさんのキービジュアルイラストや新しい衣装、髪型を担当させていただいた際、納品したものがYouTubeなどの配信でお披露目されることも多いです。

そうすると……！　**そのお披露目を見たVtuberさんのファンの方の反応がリアルタイム**

とっても大好きなユッカfam集合イラスト！Vtuberという
肩書きにこだわらずみんな自由に活動されています[1]

で見れるんです！
「かわいい」「天才」「最高」「ユッカさんありがとう」などのうれしい言葉のシャワーが浴びれるあの瞬間はたまりません……！

ユッカfamは先述の通り、お姿を担当させていただいた方たちをそう呼んでいる〝だけ〟で、グループを結成しているとかVtuber事務所ではありません。全員、完全に個人で活動されています。

しかしユッカfamと呼ぶことで**自然と人と人との繋がりができ、今では私の中でかけがえのない存在になりました。**

1 ユッカfamのXのリストです！
https://x.com/i/lists/1503609609780531211

そしてそもそも、

「クライアントさんは全員私のイラストが好き!!」

わ〜お！うれしいですよね！

基本的には自分のイラストを好きだと思ってくださる方が依頼をしてくれます。

「ユッカさんのイラストを見てビビッと来ました！」「Xのタイムラインで見かけたイラストがすごく好きで……」とお仕事のご連絡をいただくことが多く、これだけでもにっこりしてしまいますよね。

イラストを好きでいてもらえて自分もうれしいし、イラストを受け取ったクライアントさんも喜んでくれる。そしてお仕事をすればするほどイラストを見ていただけて次のお仕事に繋がりやすくなる。

イラストレーターのお仕事はポジティブな気持ちで溢れていて、毎日とっても楽しくお仕事をさせていただいています！

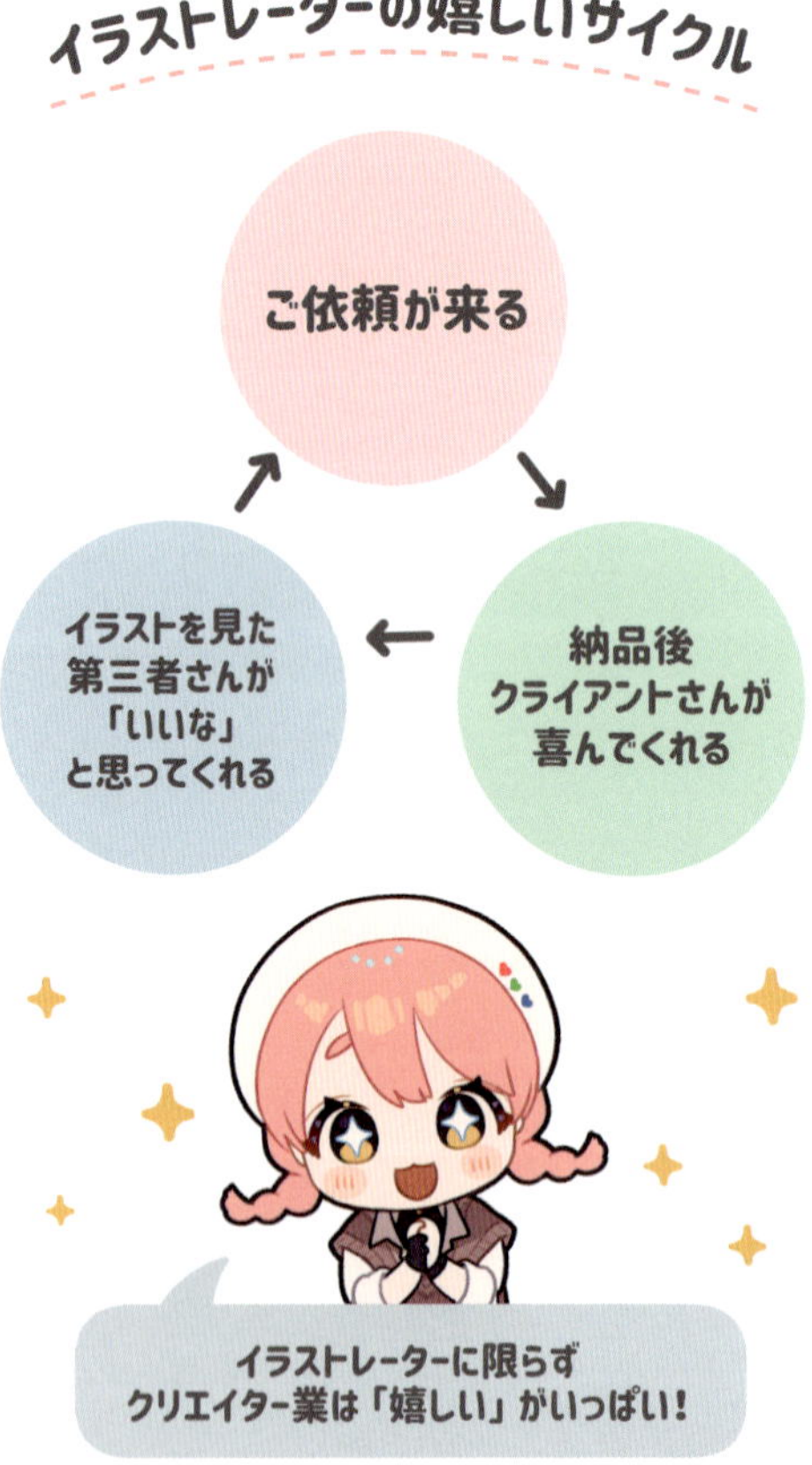
イラストレーターの嬉しいサイクル
ご依頼が来る
納品後
クライアントさんが
喜んでくれる
イラストを見た
第三者さんが
「いいな」
と思ってくれる
イラストレーターに限らず
クリエイター業は「嬉しい」がいっぱい！

専業イラストレーターの一日

てきぱきというよりはだらだらと行動してしまうわりに作業をはじめたらいつまでもしてし

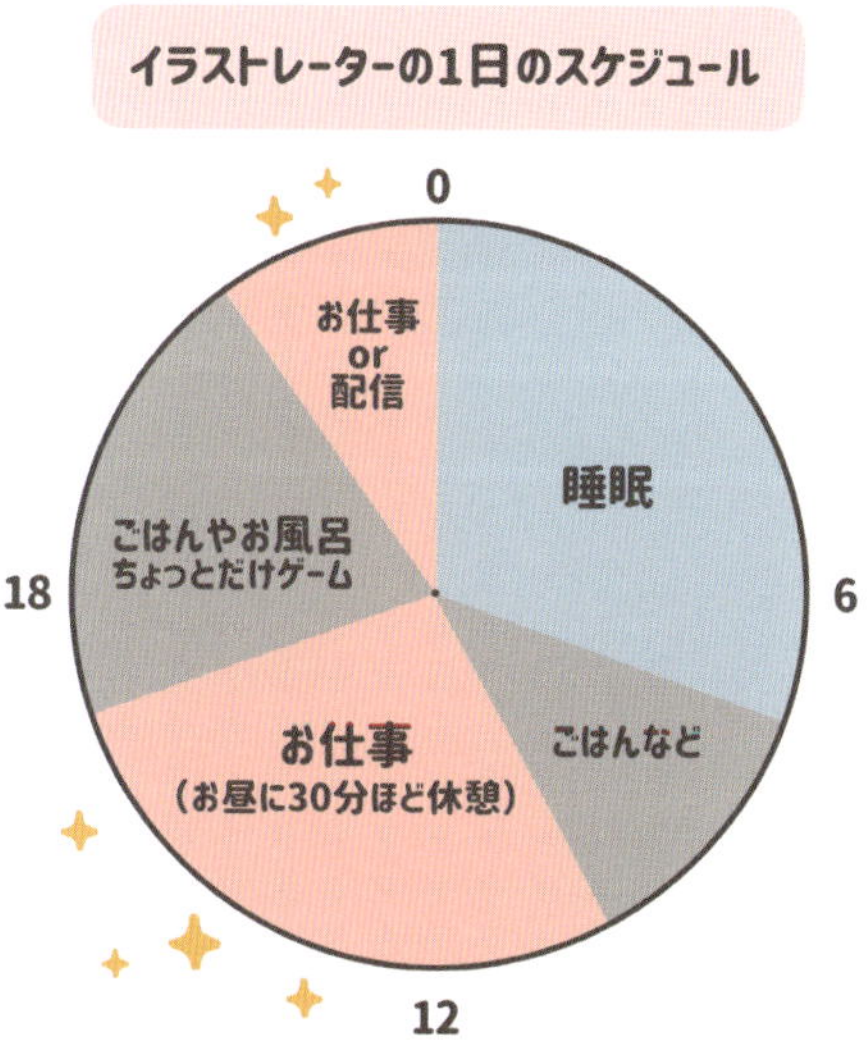
イラストレーターの1日のスケジュール
0
6
12
18
睡眠
ごはんなど
お仕事
（お昼に30分ほど休憩）
ごはんやお風呂
ちょっとだけゲーム
お仕事
or
配信

1日のスケジュールはこんな感じ

まう。

そんな私、ユッカはいったいどうやってスケジュール管理しているのか……!?

……意外にも健康的ではないでしょうか！

本当は昼までお布団の中でごろごろしていたい人間ですが、現在は一緒に暮らしている家族もいるのである程度早めに起きることができるようになりました。やればできる子です。

起きて支度を済ませたあと、9時台にはパソコンの前に座ります。

外で働いていたときはギリギリまで寝たあと朝家を出るまでの時間は身支度をするので精一杯でしたが、**10分や20分パソコンの前に座るのが遅れても問題ないのがフリーランスのいいところ**。最近は朝お仕事をはじめる前に軽く掃除機をかけてお部屋をすっきりさせてからお仕事をするようにしています（まあ掃除は苦手なんですが……）。

パソコンの前に座ったらまずは**連絡業務**を済ませ、制作作業に移ります。時に連絡業務に時間がかかって午前が終わってしまうこともあります。クライアントさんとメールでのやり取りでご依頼内容をすり合わせる際、どうしても細かく説明しないといけないことも多いからです。そのような時間のかかる連絡業務はイラストのご依頼というよりはＶｔｕｂｅｒさんのお姿を制作するときなどＬｉｖｅ２Ｄを使用するご依頼のときに多いです。

次にお昼ご飯は家にあるものでさっと済ませてしまいます。

その後17時頃までずっと通しでお仕事をしています。

お仕事開始前の
一息タイム

3日連続
なっとうごはん

ごはんの時間がもったいなくて適当にすませてしまいがち…。夜ごはんは栄養バランスを意識しています！

そう！ずっと！絵が描けるんです!!!

外で働いていたときは「早く帰って絵が描きたい……」と思う日々でしたが、今は朝から絵を描くことができます。

まさにＨＥＡＶＥＮ——

毎日がお絵描きパラダイス！

もしかしたら趣味のイラストを描く時間がとれないとキツい！という方もいると思うのですが、私の場合はお仕事のイラストでも「自分の絵柄で描ける」ことに楽しさを感じるので、後述の絵柄合わせ系の案件でない限りはどれもとても楽しく制作することができています。

当たり前のようですが**お絵描き狂にはたまらない、1番大きなメリット**と言えますね！

作業中は何か音楽を聞いていたり、ＹｏｕＴｕｂｅで誰かの配信アーカイブを流していることも多いです。たまには誰かとおしゃべりしているのですがこれもフリーランスや在宅ならでは。がんばってお仕事をしていると誰とも会わない日が続くこともあるので、**誰かとおしゃべりできると元気がチャージ**されます！

余裕があるときは休憩として軽く運動をすることもあります。実はダンスが得意なので覚えたいと思ったダンスを休憩中に覚える……なんてこともしています！ただ基本的には何時間作業していても肩や腰が痛くならないタイプなので、ぶっ通しで作業し続けてしまうことが多いです。

17時を過ぎたらお風呂に入ったりごはんを食べたりしてだいたい21時台に落ち着きます。

22時頃からさらにお仕事をすることもあります。こちらも良くも悪くもフリーランスならではですが、これからフリーランスになりたい！という方も**お仕事のしすぎにはご注意**いただきたいです！

私も夜お仕事をする場合はなるべく24時頃には終わるようにしています。または配信活動もしているので配信をしていることも多いですね！　遅いと2時くらいの就寝になることもあります。

余裕があればゲームをしたり、たまには早めに就寝したりもします。

これがだいたいの私の1日のスケジュールです！　いかがでしょうか？

ちょっとした息抜きに自由に自分のやりたいことができる点や、お仕事をしながら好きな音楽を聞いたり配信を見たり、誰かとおしゃべりができるのはフリーランスのいいところ。

そしてなによりずっと絵が描ける！ 絵を描くのが好きでイラストレーターになったのならこんなにうれしいことはないですね！

また私の場合は平日はがっつりフルタイム・週末は手が空き次第で割と休みなく作業していますが、自分でスケジュールを調整すれば**お休みを増やすことも可能**です。

私もがーっとお仕事をがんばったあと、ご褒美的にお仕事の時間中に配信をすることがあります！

自分でスケジュールを管理し、仕事に向かう。

基本的にだらだらしていたい私にとって他の仕事をしていたら私にはこんなことできないと感じているのですが、イラストを描くというお仕事の内容自体が自分の大好きなことなので、すべて自分で管理しないといけないフリーランスでもやっていけていると感じます。

お仕事？　できるならしたくないよ〜！　という方はたくさんいると思うのですが、**そのお仕事の内容が自分がしたくてたまらないことだったら……？**

イラストレーターに限らずクリエイターは「やりたくてたまらないこと」がある人にとっては最高のお仕事！

この本はそんな「やりたくてたまらないこと」をお仕事にしたい人へ送りたいと思います。

ただしフリーランスになることはもちろんリスクもありますので、ぜひこの本を読みながら一緒に考えてもらえたらうれしいです！

がんばったから
配信しよう！

仕事としてイラストを描くということ

ところで、ご自身がイラストをお仕事にすることに向いているかどうか、考えたことはありますか？

イラストを描くことは好きだけど、仕事にするとなんか違う……そんなパターンもあります。ここではその点に少し触れておきたいと思います。

まずは、そもそも**「自分が描きたいもの以外を描くことがつらい」パターン**。自分の好きな作品の二次創作だったり、自分のオリジナル作品だったり……基本的に趣味で描くものは自分が〝描きたいもの〟だと思います。しかし、誰かから依頼を受けて描くイラストは基本的にはクライアントさんが描いてほしいものとなります。イラストを描くことをお仕事にした際は、「自分のオリジナル作品が描きたいのにお仕事のイラストを優先しないといけないから今は描けない」という状況になることも多々あります。

それがそもそも多大なストレスになってしまう……そんな方もいると思います。

今は趣味のイラストを描きたいのに…っ！

「自分は今これが描きたい！」がなかなかできないことが辛いパターン

次に**「自分の絵柄で描けないことがつらい」パターン**。これはいわゆるＩＰ案件、絵柄合わせの案件などが該当します。絵柄合わせとは、見本の絵柄に合わせてイラストを描くことを指します。顔や身体のパーツのバランス、髪の流れ方、色の選び方、使用しているブラシ、塗り方、描き込む量……すべてを見本の絵柄と同じように描きます。ご依頼の内容やクライアントさんの指示によっては〝元の絵柄に寄せる、かけ離れすぎなければＯＫ〟程度のレベルも経験したことがありますが、どちらにしても自分本来の絵柄を抑えながら描くことになります。

自分の絵柄で描けないこと、そもそも慣れていないペンやブラシ、塗り方で描くこと自体にストレスを感じる方もいると思います。

ちなみに私は「自分の絵柄で描けないことがつらい」は強く感じたことがあります。イラストをお仕事にしてとても楽しく、自分の趣味のイラストはなかなか描けなくても幸せな毎日で

自分の絵柄
合わせないと
いけない絵柄
自分の絵柄で
描きたい…っ！

自分の絵柄が好きな人ほどこれは辛いかもしれません。
でも個人的にいい経験にはなりました！

すが、それは**お仕事のイラストを自分の絵柄で描かせていただけているから**だと感じています。

私はイラストを描いているときに、色同士が綺麗に混ざったり、清書をしながらラフよりももっといい雰囲気にイラストが仕上がったりしたときにイラストを描く楽しさを強く感じるのですが……絵柄合わせではとにかく見本通り・指示通りに描く、という感じになるので、**自分のアイデアや好みをイラストに反映させることができません**。個人的にはそれが少しつらいと感じてしまうため、絵柄合わせのお仕事はあまり自分には向いていないと感じます。

このように、絵を描くことが好きでも場合によってはイラストレーターというお仕事が向いていない、というパターンもあります。

イラストレーターになりたいならとにかく行動してみて！　と言いたいところですが、**自分は絵を描くことは好きだけど、仕事にしたときに果たして同じことが言えるだろうか？**ということもぜひ一度考えてみてほしいなと思います。

Chapter 2

中卒アルバイト、ある日思い立つ

イラストレーターになろうと思うまでの話

絵はいつから描いてきた？　どれくらい描いてきた？

絵は物心ついたときから絵を描いていました。

自分が絵を描いていた初めての記憶は幼稚園の年長さんのとき。自由帳にクレヨンで女の子の絵を描いていたのを覚えています。幼稚園のときに利き手である右手の親指を骨折したことがあるのですが、それでも左手を使って絵を描いていたことも覚えています。記憶は曖昧なものの、このときから絵を描くことがかなり好きだったんだな！と思います。

それ以降の記憶は小学校低学年の頃からですが、お友達と遊んだあと、遊ぶ予定がない日の夕方、寝るまでの時間……家にいるときは絵を描いていることが多かった記憶があります。また家には漫画がたくさんあったのでそれらを読んでいる時間も多かったように思います。

漫画をよく読んでいた影響か、**子供の頃は「イラスト」というよりは「漫画」寄りのものを**

描いていました。

コマ割りはなくともストーリー調だったり、読んだ漫画の好きなシーンを自分の絵で描き出してみたりしていたような記憶があります。

小学校高学年頃に同じく絵をたくさん描く、気の合う友達と出会いました。その子はとても絵が上手かったので負けず嫌いな心がメラメラ！……しつつ、子供なりにその子を尊敬し、放課後によく一緒に絵を描いて遊んでいました。

この頃の将来の夢は漫画家！ 読んでいた月刊誌の漫画応募コーナーに応募すべく、親に買ってもらった画材を使用して漫画を描いていました。

……どんな漫画を描いていたのか？　こういう話をするのは恥ずかしいですね！　黒歴史を垣間見られているようで……。

読んだ漫画のおもしろかった部分を
自分も描いてみたかったのかな…？

私は絵を描くのは好きでもストーリーを考えるのがとても苦手で、当時読んでいた月刊誌で連載されていた漫画そのままのようなストーリーで漫画を描いていました。もちろんこれでは仮に絵がとてつもなく上手かったとしても賞は取れないでしょう。

また、この頃にガラッと家庭環境が変わったなどの事情もあり、最終的に月刊誌に応募するための作品づくりは途中でやめてしまいました。

ただやはり絵は描き続けていました。**デジタルイラストを描きはじめたのは中学2年生の頃。**実は小学生のときに安価なペンタブを買ってもらい、たまにパソコンで絵を描いていました。さらに中学2年生の頃、ありがたいことに日常的にパソコンにたくさん触れられる環境になり、そこから本格的にデジタルイラストを描くようになりました。ネット上にたくさんアップされているデジタルイラストを見はじめたのもこのあたりです。

この頃は時間があればパソコンを触り絵を描く、という生活をしていました。

たくさんのデジタルイラストに触れて感動！

どちらも中学2〜3年生ころのイラスト。なんとなく色づかいの
土台はこの頃からできているように見えますね！

振り返ってみると私のデジタルイラストの基礎は中学生のときにつくられていると思います。

そして**16歳、アルバイトをはじめます。**仕事をはじめてからはさすがに頻度が落ち、言葉通り趣味程度という感じで気が向いたときにイラストを描いていました。イラストレーターになりたいと考えるまではずっとそんな感じだったかなと思います。

アルバイト=就職じゃないの……？

バイト先の2つ年上の先輩が「**シュウカツだから**」とバイトを休んだ時期がありました。

ユッカ、当時19歳。生まれて初めて聞いた言葉にきょとん。

ベテランの主婦の方にシュウカツの意味を聞いてみます。

「就職したい会社に入るために頑張るってことよ」

ええ？　先輩、今ここでバイトしてるのに？

——そう、

私はずっと就職＝アルバイトだと思っていました！

というよりは、働けばそれが全部就職だと思っていました。

もしかしたら言葉の意味的には間違いでないかもしれませんが、一般的にあまりアルバイトのことを「就職」とは言いませんよね。

私、今まで
就職してなかったの…？

それからいろんな職場を経験し、いろんな人が就活をしてバイトを辞めていくのを見てきました。

そして社会経験を重ねていく上で、**正社員とアルバイトは明確に違うこと、経歴がアルバイトだけだとちょっと面接で不利なこと**も肌で感じました。

けれど私が経験した職種だと正社員さんは残業も多く、正社員に誘われることも多かったのですが、**フリーターの自由な働き方が好き**で今までずっとフリーターとしてアルバイトしかやってきませんでした。

ところでどんな仕事してたの？

私がやったことのあるアルバイトはこちら！

- チラシ配り
- レストランのホール
- 居酒屋のホール
- カフェのホール

✦ アクセサリーショップの店員（副店長！）
✦ 古着屋の店員
✦ 結婚式場の受付＋事務
✦ アパレルショップ（派遣社員）

以上です！
それぞれ短くて半年、長くて2〜3年ほど勤務していて、2つ掛け持ちしていた期間も長いためお仕事の種類は多めです。

まず16歳のときにチラシ配りのアルバイトから社会人をスタートさせます。

この頃の私は親が高校に行かせたいにも関わらず学校へ行ってない、「**高校に在籍しているけど中退はしていない、中退できるかわからない**」という変な状況でした。どこの面接を受けても履歴書を見て「**中退していないのにフルタイムで働きたい？ なんだこいつ……？**」という印象を与えてしまいどこに行っても不採用の日々……！

この日がきっかけとなり次の職場探しを
開始しました……笑

ただこのチラシ配りは2時間程度で終わるお仕事だったからか、ありがたいことに採用いただくことができました。このとき実際に自分がやりたかったお仕事はカフェの店員さんやアパレル販売だったのですが、とりあえず何もしていない状況から脱却すべく、チラシ配りのお仕事からはじめます。

チラシ配りのお仕事は……それはもう……つらかったですね……!! 人に無視され続けるというのにかなり参ってしまい、極寒の冬の夜に泣きながらチラシを配ったこともありました（笑）。みなさん、要らないチラシでもたまには受け取ってあげてくださいね……!

チラシ配りで実際に働いた実績ができたからか、次の面接からどこも落ちることがなくなりました。**泣きながらも頑張ったかいがありました!**

チラシ配りをやめると同時にレストランに面接に行き、無事合格をいただいたのでレストランで働くことになりました。

また、**17歳になると同時についに高校を中退**することができました。そして**同じ年に1人暮らし**もはじめます。

働くことに慣れてきたので居酒屋でも働きはじめ、掛け持ちを開始します。

ここまでは「高校に在籍しているのにフルタイムで働くの？ うーん……」とか、「ここ居酒屋だから高卒後の18歳以上で22時以降まで働けないと採用できないかも」とか、高校についてと年齢とが大きなネックとなり、いつもギリギリ採用してもらえた、という感じでした。

また本来やりたかったアパレル販売もほぼすべて「**高卒以上**」が応募の条件になっていて、レストランなどで働いた実績ができても結局応募することはありませんでした。私は中卒でも後悔はしていないもののそういった制限はどうしてもあり、**自分がやりたい仕事をするというよりはとにかく採用してくれるところで働く**といった状態でした。

当時16〜17歳、年齢的にも未熟で社会経験も浅い。そんなスペックだったので本当にたくさんのことを学んだ時期となりました。

何時に出勤しても挨拶は「おはようございます」、退勤時は「お先に失礼します」、タイムカードを押す、自分ができなかった仕事は誰かに引き継ぐ、働くまでは見られなかったショッピングモールのバックヤードのようす、館のルール……社会人として当たり前のことをこの時期に一気に学ばせていただきました。

さらに私は中学を卒業したままの気分の生意気な女でしたので（笑）、本当〜〜にたくさん怒られた記憶があります。そんな私を指導してくださった当時の先輩たちには頭が上がりません……！

ギリギリ受かった職場で精一杯働きました！

2つのバイト先で経験を積んでいた私ですが、次はカフェで働くことになります。

カフェの店員さんもやってみたかったお仕事で、たくさん悩んだ末にレストランを辞めさせていただき、一時的にカフェと居酒屋で掛け持ちとなりました。

ただこのカフェの店長と波長が合わず、半年で辞めてしまいました。

当店自慢のカマキリサラダ♪
……んなわけあるか〜〜い!!

もはや笑い話……にしたいのですが、**店長がつくったサラダにカマキリ**（**!?**）が入っていてそのままお客さんに提供してしまったという珍事件がありまして、日々不満を抱えていた私はそれで「やめよう!!」と決断しました。当時のお客様、本当に申し訳ありません……。

そんなこんなでカフェを辞めることを決めたあと、普段よく通っていたアクセサリーショップが求人を出していることに気づきました。しかもなんと**「高卒以上」の条件が求人情報に書いていない……!!**

正確にはアパレルとは少し違うかもしれないのですがアパレル関係で働きたかったのと、普段から好きなお店だったのですぐに応募、面接に合格、アクセサリーショップ×居酒屋で一時期掛け持ちをしていました。これは余談ですが……募集要項に書いていなかっただけで、実はこのアクセサリーショップも高卒以上が採用条件だったそうです。詳しく店長に聞いてみると「中卒だけど絶対欲しい人材だと感じたから上司を説得した」と言ってもらえてとてもうれしかったことを覚えています。

ありがたいことにアクセサリーショップでは業務態度などを評価していただき、**勤務しはじめて半年で、なんと！ 副店長となりました。**ちょうど人が辞めてしまった時期と重なったという理由もあるのですが、やってみたかったお仕事なので私のお仕事へのモチベーションはぎゅんぎゅん上がりました。

でも……実はアクセサリーショップは1年しか勤めませんでした。結婚と同時に他県に引っ越すことにしたからです。もし私が高校、大学と進学していたら当時は大学生だったであろう年でした。

アクセサリーショップでは副店長でありながら実際は店長のような業務内容を任せてもらっていて、アルバイトでありながら正社員のような出張、会議などもさせていただき、アルバイトにしては貴重な経験をすることができました。

ヒマなことに耐えられない私は、引越しをしてからはすぐ仕事を探し古着屋に勤めることになりました。これもやってみたかったお仕事のひとつでとても楽しく働くことができました。

古着屋といえば**古着を買い取る「査定」の業務**もあります。今まで経験した接客販売の業務にプラスで買い取り業務が入るので、かなりやることが多く今までの職場よりさらに人と協力することが重要になるお仕事だったと感じます。

ちなみに、査定をする関係でたくさんの服飾品のブランドに触れ自分が着ないようなブランドにも詳しくなったのですが、**これが今でも役に立っています！**

イラストを描くにあたってキャラクターのお洋服を考えるとき、どのような雰囲気の服がいいか考えたあと、その雰囲気に近い〝お洋服のブランド名で画像を検索する〟ことでよりイメージに近い資料にすばやく辿り着くことができます。

こんな雰囲気のお洋服の資料が欲しい……と考えたとき、どうやって検索するかちょっと悩みますし少し時間がかかるときもありますよね。私は査定業務の経験のおかげで「**このブランドはこんな雰囲気**」というのがなんとなく頭に入っているため、**ブランド名で検索して希望する雰囲気に合うお洋服の資料をすばやく出す**、というのが可能になりました！

古着屋で働いていた先輩後輩はみんな気さくで、その職場を辞めた今でも仲の良かったメンバーでよく遊んでいます。引っ越しをして、知り合いが1人もいない土地に来たものの、この職場でいつまでも変わらず遊んでくれる大切な友達ができました。

イラストレーターという道を知る

そしてついに、私の中で「**イラストをお仕事にしてみたい**」という気持ちが生まれます。

～古着屋のおもいで～

お洋服や服飾品の
ブランドに詳しくなれたり…
通路に…
なんか…え…？
店内にあるはずのない
ものが落ちてたり…？
規制
!?
査定したバッグの中から
出てくるあれこれ…？
今でも古着屋の経験が
役に立っています。
※ブランドの知識の話です。

これは先輩の話ですが、バッグの中から出てきて
びっくりしたものランキングの第1位は
「タツノオトシゴ」だそうです。えっ……？

のんびりアルバイトをしながら過ごしているとき、スマホのソーシャルゲームにハマりました。

当時リリースされたばかりのタワーディフェンス系ゲームで、SNS上で流れてきたゲーム内の**公式キャラクターイラストの画風、キャラクターデザイン、お洋服のデザインなどがすべて好みだった**ため、タワーディフェンスゲームというのがよくわからない中すぐにゲームをダウンロードしたのを覚えています。

ソーシャルゲームのおもしろさを知る…！

私は子供の頃に見ていたものを除き漫画やアニメにはあまり詳しくないのですが、ゲームは子供の頃からずっと大好きで、大人になってもいろんなゲームで遊んでいました。ただそれは主に家庭用ゲーム機の話で、実はそれまでスマホで遊べるゲームをやり込んだことはありませんでした。

このゲームをきっかけにソーシャルゲームの楽しさを知り、今後いろんなソーシャルゲームで遊ぶことになります。

ところで！ ソーシャルゲームの醍醐味といえばガチャですね！

そのゲームをしているとき、デザインがおしゃれかつ可愛さもかっこよさも兼ね備えられた女の子キャラクターのイラストがガチャで出てきて……ふと、一瞬妄想をしました。

「もしガチャに自分のイラストが出てきたら？」

その日からそんな考えをふくらませはじめ、その気持ちはだんだんと強くなっていきます。

私は子供のときからずっとイラストを描いてきましたが、それを仕事にしようと思ったことはありませんでした。

すごく単純な話で、**そんな選択肢があると思っていなかった**というか。なんとなく自分がなれるものではないと思っていたのかもしれません。

ですがこのとき、初めてイラストレーターというお仕事について真剣に調べたり考えたりして、**もしかして叶わない夢でもないのでは……？**という考えに至りました。

そもそもどうやったらイラストレーターになれるのかよくわかっていなかったのですが、色々調べていくうちに「ランサーズ」のような**クラウドソーシングサービス**がいくつかあること、そしてそのサイトでゲームに使用するイラスト制作の案件が募集されていること。またサイトにクリエイターとして登録をしておくと案件が発生した際に連絡が入るようなタイプのイラスト制作業務仲介サイトもいくつかあること。

じゃあ私もこれらのサイトに登録して、イラストレーターとして案件に応募すればゲームに使用されるイラストを描けるのでは？と考えました。

イラストレーターってどうやったらなれるの？という状態から、すでにある様々なサービスの存在を知り「**行動すればできるかもしれない。叶わない夢ではないかもしれない！**」と思えてきたのです。

また、実はこの時点で2～3件ほど、少額ではあるもののコミッションサイトSKIMAを経由してイラスト制作のご依頼を描いた実績がすでにありました。その経験も自分の背中を少し押してくれたようにも思います。

イラストの学校へ行く……？

でも、プロのイラストレーターになるならちゃんと学校でイラストを学ばないといけないの

クラウドソーシングサービスとは？

お仕事を発注したいクライアントと、お仕事を探している人をつなぐサービスのこと。

※この本で今後出てくる「コミッションサイト」と意味合いは同じ言葉ですが、クラウドソーシングサービスと書いてあるサービスのほうがクライアントさんに企業の方が多いイメージです。

Aタイプ

サイトに登録して、クリエイターなどを募集しているクライアントさんの投稿へ営業をする。採用されるとお仕事ができる。

Bタイプ

登録しておくと案件が発生した際にメールなどでお知らせがくる。それに立候補し、採用されることでお仕事ができる。

ネットで検索してみるといろんなサービスがでてきますよ！

コミッションサイトは「イラストに特化したクラウドソーシングサービス」という認識の方も多いようです

では？ とも考えました。

当時の私の画力はずっとイラストを描いてきただけあってある程度は描ける技術を持っていました。

けれど**プロとして胸を張れるかというと自己評価は微妙**でした。

理由としてはいつも**「感覚」とか「なんとなく」で描いていたため、プロとしてはイラストに説得力がないと感じたから**です。

資料を見て描くことは大事だと、絵を描いている人なら聞いたことがあるかもしれません。当時の私は資料を見て描くということをほぼまったくしていませんでした。

例えば、みなさんも資料を見ずに「はさみ」を描いてみてください。持ち手の部分は左右とも同じ形をしているか？ 刃が交差する部分の刃の形は？ 持ち手や刃の厚みはどれくらい？ 刃は周りの景色を反射しているか？ どのように反射しているか？……。

私はきっと資料がないと「はさみっぽいもの」しか描けません。普段何気なく見ている物も、**資料を見ずに描くと実物と比べたときに細部が違う**ことがよくあります。

↑ 過去のイラスト
↓ 近年のイラスト
私の作品だと
分かりやすかったのが
イラストの「靴」部分。
近年のイラストの方が
よりリアルです。

昔のイラストは今よりデフォルメが強いものの、
やはり縫い目や厚みなど少々リアルさに欠けます

イラストは自由です。例えば影なんて絶対描かないといけないわけじゃないし、影を描くにしても本当ならあるはずの影を省略したって悪いことではありません。本来ならあるはずの身体の骨を描写しないとか、どうやって履くのかわからない構造をした靴とか、先ほど例に出したはさみの構造が変でも、絵は自由に描いていいんです。

けど、**私は美少女系のソーシャルゲームに出てくるキャラクターのような、ある程度リアルさを兼ね備えたイラストをお仕事で描きたいと思っていました。**

このようなテイストのイラストをお仕事で描きたい場合、「人体の構造的にこうだからここに筋肉を描いた」とか「この装飾はこういう素材だからこのように描き込みをした」とか「服のしわの状態がこうで光源はここだからこのような影を落とした」……のように、理屈で説明できるような知識がある程度ないと描けないと感じました。

私はもちろん〝なんとなく〟で描く自由な作品も大好きなのですが、このように**根拠を持って描けると「イラストの説得力が上がる」のではないか。私が目指したいテイストのイラストを描くにはこの力が必要だ、勉強が必要だ**、と感じたのでした。

アクセサリーの
素材感、形
背景小物の
リアルさ
服の素材感、シワ
人体の
骨格、筋肉

資料を見て描くようになったイラスト（2021年）

「リアルさ」の目安。矢印部分は特に意識して描くようにしましたそうしてすぐに近場でイラストを学べるところがないか探しました。

どれだけ本気でやりたいことがあったとしても、現実的に考えたとき、何事においても費用は大きな問題だと思います。私はいつも「なんとかなるだろう」と思って行動に移しがちです

「絵の勉強が必要だ」と判断するまで
「ソーシャルゲーム」に出会い、イラスレーターになってみたいと考える
今の画力(技術力)でその夢は叶うか?
見比べてみる
リアルさが無く説得力に欠ける
キャラデザの技術も必要?
技術不足だと自己判断
ソーシャルゲームのイラストと自分のイラストを見比べて、自分に足りてないものを理解する

みなさんも自分に置き換えて、自分の作品と目指したい絵を比べてみてください!

が、**費用の問題ばかりは解決できませんでした。**

ネットで調べてギリギリ通えそうな場所に学校を発見したのですが、**金額は2年間で170万円ほど。**これは「夜間・通信制／2年制／入学費など込み」の条件での金額です。

地方ということもあり無理なく通える範囲で絞ると選択肢はこの1つしかありませんでした。

ネット上で調べた情報では「全日制／2年制／入学費など込み」で2年間で250万円前後が目安になるそうです。

余談ですが私が調べていたときは住んでいる地域にあるショッピングモール内で開催される漫画・イラスト講座なるものも発見しました。講師の方はイラスト系の学校に講師として勤められている方で、月2回の受講で月額約4,500円。ショッピングモールで!?とびっくりしましたが意外なところに学べる場所はあるんだなと思いました。

実際に通って学びたい場合の選択肢
より本格的？
学校へ通う
・費用は？
・距離は？
「習い事」に近そう…？
講座・教室へ通う
・知りたいことは学べる？

私が通いたいと考えた学校の話に戻ります。

当時私はフルタイムで働いて生活が成り立っている状態でした。

学校に行く時間をつくるなら働く時間を削らないといけない……働く時間を削ったらそもそも授業料が払えなくなる……貯金をしようにも時間がかかる……。


現実的に考えたとき、実際に学校に通う選択肢はなくなりました。


私も「おそらく実際に学校に通うことは難しいだろう」とダメもとで調べていたのですが、一応でも調べてみることで通学して学ぶことはきっぱり諦めることができました。

最終的に私はインターネットを駆使してイラストの勉強をすることにしました。実際の勉強方法はChapter3でご紹介していきます。

イラストレーターになると決めたあとの話

まずは仕事、変えよう

仕事をやめたり環境を変えたり……ちょっと勇気が必要ですが、

やりたいことができた私は無敵でした!

当時のお仕事の内容はすごく好きだったものの、勇気を出して辞めることにしました。

このときやっていたのは古着屋。ぎっしりお洋服が入った段ボールを運んだり、ハンガーラックに大量のお洋服をかけて店頭に出したり……と、結構体力を使うお仕事だったので、帰宅後に疲れてそのまま寝てしまうなんてことも多々ありました。

仮に力仕事があまりなかったとしても、フルタイムでお仕事をしながら勉強をし、イラストも描く……というのはなかなかしんどいです。このままではなかなか行動に移せない、と感じたことが当時のお仕事を辞めることにした理由です。

次にはじめた結婚式場のお仕事は**フルタイムではあるものの出勤日数をほんの少しだけ減らして勤務しました。** とりあえず**副業でイラストのお仕事をはじめることにした**のです。

ここでは接客以外にパソコンを使用した事務業務も任せていただき、初めて事務のお仕事を経験した職場にもなりました。

ただこちらも会社の方針が肌に合わず半年で辞めることになります。

しかしこの半年で少しですがイラストのお仕事を受注させていただき、「イラストレーターになりたい」という気持ちは大きくなっていました……！

～結婚式場のおもいで～

令和とは思えない光景がそこにありました……

そして派遣会社に登録、アルバイトよりも時給の高い派遣社員としてアパレル店員をはじめます。

派遣、よかったです!!

なにより、**時給が上がることで今までと同じ金額を稼ぐために必要な出勤日数が減りました。**例えば今までは月に20日出勤して14～16万ほど得ていたのが、月に15日程度の出勤でも同程度稼げるようになった……という感じです。

実際には私は月10～12日程度の出勤に抑えたので、お給料は月に10～12万円、そこにイラストの副業で月に＋1～3万円くらいの収入がありました。これで古着屋でフルタイムで勤務していたときと同じくらいの稼ぎになるので、派遣社員をしていた2年間はそのような生活をしていました。

そして、**出勤日数を減らして確保した自由時間はすべてイラストにあてました。**イラストの勉強をしたりポートフォリオ用のイラストを描いたり、少しずつイラストのお仕事をしたり。**イラストの勉強をちゃんとはじめることができたのはこのときから**です。

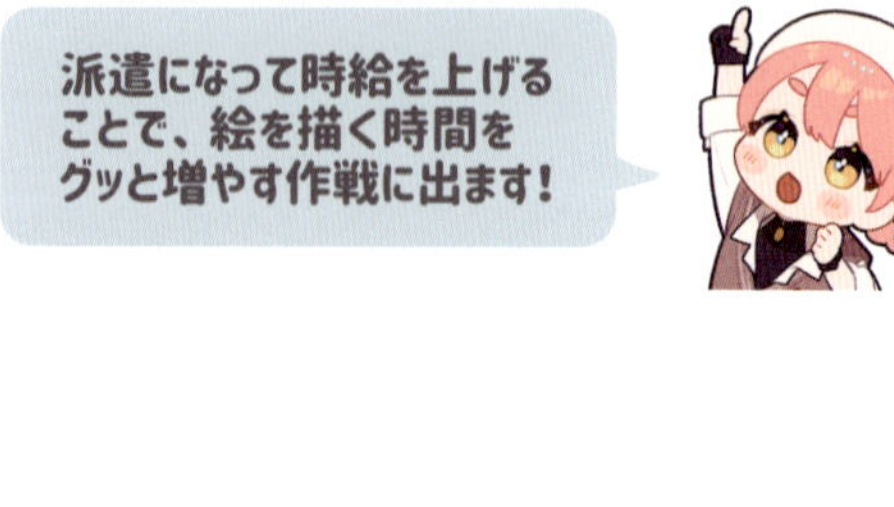
派遣になって時給を上げる
ことで、絵を描く時間を
グッと増やす作戦に出ます！

派遣社員をしながらイラストの勉強や副業を続けること約2年間。ついに、派遣社員を辞めると同時に専業イラストレーターになります。

2022年1月、専業イラストレーターになる！

……といった感じでイラストレーターになる前はこんなお仕事を経験してきました。

イラストにはまったく関係ないお仕事が今、役に立っていたり、直接たくさんの人と関わる職場を経験したことで人との関わり方を学校にいたときよりもより深く学ぶことができたと感じていて、結果的にいろんなお仕事を経験できてよかったと感じています。

ところで、**私の修行期間である「2年間」という数字は重要ではありません。**もし「最低2年間は準備期間が必要なのか」と思わせていたらそれは違う！ということだけお伝えしておきたいと思います。

本のタイトルにもある「2年」は
計画したものではありません。
準備期間はひとそれぞれ、
目安程度に捉えてね！

イラストの技術レベル、つまり上手さの話だけなら、1年勉強した時点である程度のレベルには達していたと自己評価しています（Chapter3にてプロに添削してもらった話をしているのですがそれが2020年8月でした）。

派遣のお仕事をしていた当時、プライベートで環境が変わりそうな時期があり、そのタイミングで派遣のお仕事を辞めて専業イラストレーターになろうと考えていました。そして**そのタイミングが来たのがたまたまイラストの勉強をはじめて2年の頃だった**……というのが本当のところです。

そのため実際のところ私が専業になったタイミングに計画性はなく、2021年11月に急に決めました。

そしてこのとき、「**もしかしたら半年後にはイラストのお仕事がなくなって、また派遣のお仕事をしてるかもしれないな**」とも思っていました。**これはイラストレーターとしての未来に不安を抱いていたわけではありません。**

「ま、上手くいかなかったらまた派遣のお仕事をしながら体勢を立て直せばいいや」と、なんとも楽観的というかポジティブな気持ちでまた派遣のお仕事をする日が来るかもと考えていました。

また、イラストレーターのお仕事は基本的に家にずっといることになります。イラストレーターのお仕事が順調だったとしても、「家にずっといるのが嫌になったらたまに単発で派遣のお仕事しちゃうのもいいな！」なんてことも思っていました。

それくらい自由で、かつ計画性もなく専業イラストレーターとしての活動を開始してしまいましたが、ありがたいことに今もイラストレーターとしてお仕事をさせていただけています。

この本ではそんな私が、計画性がないながらもお仕事を続けていくためにやったＳＮＳでの営業のお話などもさせていただいています。

私は特別なにかすごいことをしたわけではないですが、夢を叶えるために自分の手が届く範囲で行動し、現在は自分のやりたかったお仕事をしています。

そしてなにより、きっとこの本を読んでくださっているあなたのほうが私より高スペックです!!

ぜひ自信を持って、なにかやりたいと思うことができたなら行動してみてほしいなと思います。

あらためて、この本を読んでくださっている方へ勇気を分けられたり、なにかひとつでも参考になることをご紹介できたら幸いです。

Ｃｈａｐｔｅｒ３からは私が実際にイラストレーターになるために行動したことをより具体的にご紹介していきます。

Chapter 3

イラストレーターへの道

1年目

❶とにかく絵の「勉強」だ!

「練習」じゃなくて「勉強」

たまに聞く**「絵の練習」**という言葉。
私も最初はなんとなく受け入れていた言葉ですが、じゃあ実際にパソコンに向かって絵の練習をやってみようとしたとき、**「絵の練習ってなんだ?」**と疑問が浮かびました。

絵の練習と聞いてぱっと思いつくものだとデッサンやクロッキーなどでしょうか。

デッサンとは物を見ながら輪郭、光や影、色の濃淡、立体感などを正確に描き写すことを指します。

じっくりと時間をかけて描くことを指すことが多いです。

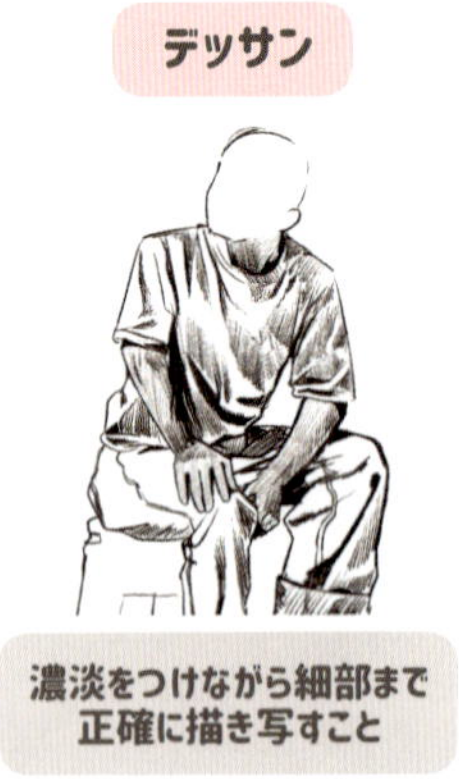

デッサン
濃淡をつけながら細部まで
正確に描き写すこと

クロッキー
短時間で形や特徴を
捉えて描き写すこと

クロッキーとは5分などの短時間で物の形や特徴を捉えて描き写すことを指します。クロッキーでは動いているものを描き写すことも多いようです。私も中学生のときに美術の授業でクラスメイトをモデルにクロッキーをしたことを覚えています。

もちろんデッサンやクロッキーは画力向上などに繋がる有力な方法ですし、私自身、「見て描く」力が弱かったので一時期デッサンをしていた時期もあります。

ただ今まで趣味でイラストを描いてきた経験から、**「どんな練習よりも本気で描いた過去のイラストからのほうが学ぶことは多い」**となんとなく考えていました。

本気で描いたイラストだからこそ、そのイラストを振り返ったときに**「もっとこうすればよかった！」**という箇所が生まれやすく、次に大きく前進していけるのではないか、と。

なので私は「絵の練習」はせず「絵の勉強」をし、学んだことを活かしながら本気のイラストを描き続けることで画力の向上を図りました。

「本気のイラスト」ってなんだ？

本気のイラストってなんだよ！ と思われた方もいるかもしれないので補足しておくと、「今持てる技術をすべて使って全力でイラストを描く」ということです。

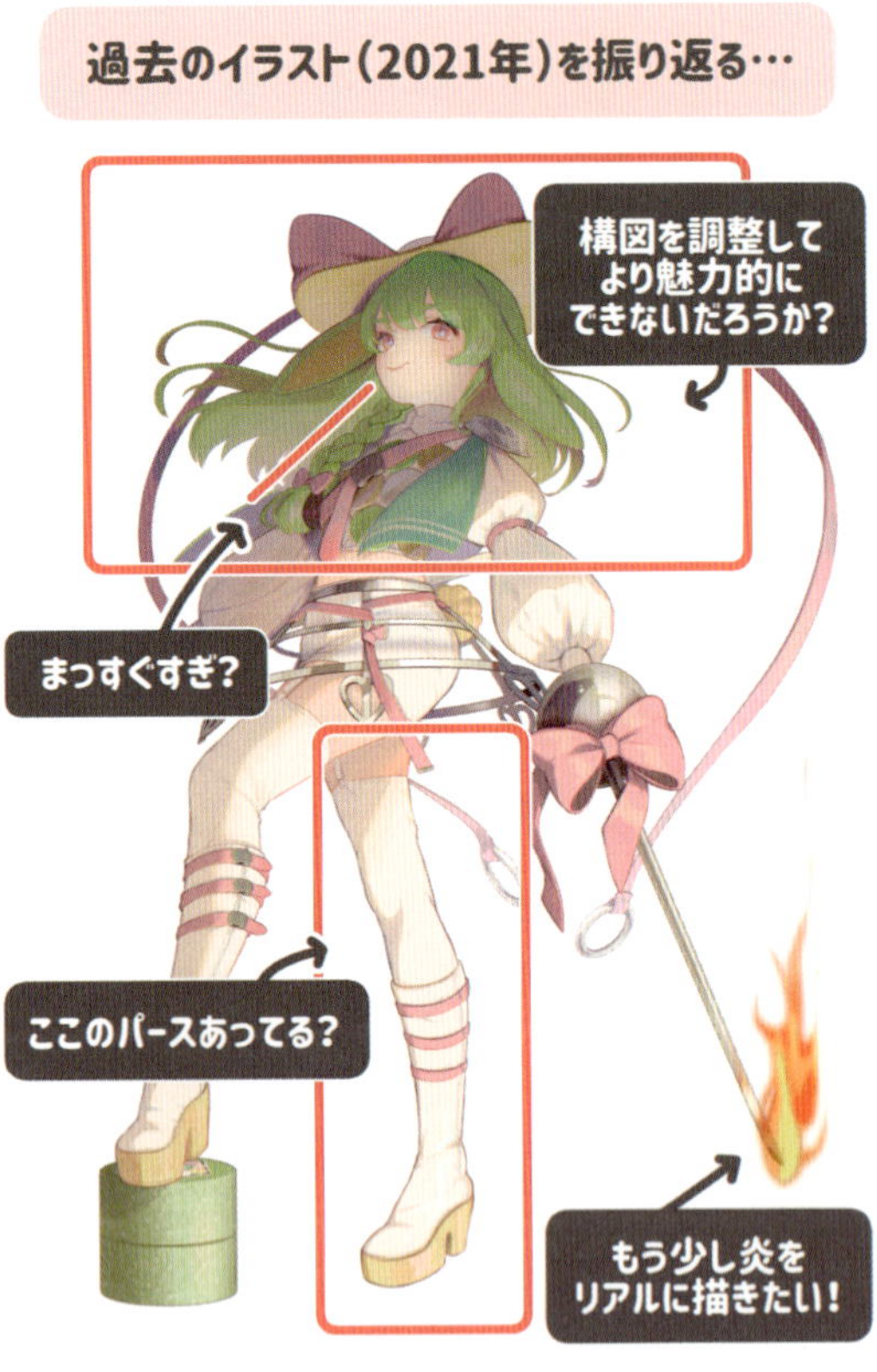
過去のイラスト（2021年）を振り返る…
構図を調整して
より魅力的に
できないだろうか？
まっすぐすぎ？
ここのパースあってる？
もう少し炎を
リアルに描きたい！

本気で描いたからこそ気づきがあると悔しい！
この気持ちがバネになります

2020年1月
2020年8月
課題
コントラストを強めてもよさそう？
彩度も上げたいな…
描く！

私が実際に同じキャラクターを本気で描いたものです。
左は「ソシャゲで使われる通常の立ち絵」を、
右は「ソシャゲでキャラクターが強化されたときの立ち絵」を意識して描きました

これは私の例ですが、まず構図からしっかり悩み、色味や仕上げも清書のイメージに近い状態でラフを完成させ、資料やラフを見ながら清書、仕上げ……と時間をかけてじっくり描いていくイラストをイメージしています。

重要なのは**「やりたい仕事に繋がるようなイラスト」を今出せる全力を出して描く**。

例えばソーシャルゲームのキャラクターイラストが描きたくて絵の勉強をはじめた私は、

自分なりに「ソーシャルゲームに出てきそうなキャラクターのイラスト」を何枚も描きました。そのイラストが好きなソーシャルゲームにそのまま出てくれたらいいな、なんて思いながら……。

それを言い換えると、**本気のイラストとは「納品物のつもりで描いたもの」**と言ってもいいと思います。

実際には仕事を受けていない状態だとしても、**ぜひ依頼が来たていで描いてみてください。**

架空の発注書をつくる、または想像して描いてみるのもおもしろいかもしれません。

発注書（架空のものです）

【キャラクターについて】 1人、全身

【イラストの使用用途】 イベントPR用、サイト上への掲載と会場用看板などへの印刷

【イラストのサイズ】 A3程度　350dpi

【納品データ形式】 PNG

【背景の有無、希望イメージなど】 無し、または多少エフェクトがある程度

【キャラのポーズ、表情、シチュエーション】 ジャンプしているような元気なポーズ、笑顔

【複雑な装飾品の有無】 一眼レフカメラを持たせて欲しいです

【商用利用or非商用】 商用

【SNS等で実績公開OKか】 OKです

【その他あれば】（差分など） 細部のキャラデザをお願いしたいです

書類風にしていますが、普段いただいたご依頼内容はご依頼ごとにメモアプリに保存しています

そのようにして描く「本気のイラスト」は時間も体力もたくさん使う作業です。ですがその代わり、**かけた労力は必ず学びとして自分に返ってきますし、自信を持ってクライアントに見せられるポートフォリオにもなります。**

簡単なことではありませんが、練習だと思ってイラストを描くよりは「本気のイラストを描き続ける」ほうがメリットが多いと考えています。

勉強① いろんなイラストを見て、描く

ではここからは実際に私がやってきたイラストの勉強方法をご紹介していきます。

まずは「**いろんなイラストを見て、描く！**」ということをしました。

これだけだと模写やトレースのこと？と思われるかもしれませんが、これは一言で言うと「**他の人のイラストを見て、その中で好きだと思った要素を自分の絵にも取り入れる**」ということです。勉強というより「**イラストの研究**」という言葉が合う作業だったように思います。

勉強を実践する順番としては、ここでご紹介する「①見て描く」と、次にご紹介する「②講座を見る」の作業は同時進行で行いました。そして①②で知識を蓄え、そのときに描ける渾身のイラストを制作してから「③添削」へ持ち込みました。

難しい方は①か②どちらかから順番にじっくり実践してもOKです。

ではまずは「見て描く」とは具体的にはなにをしたのか、もう少し詳しくご紹介します。

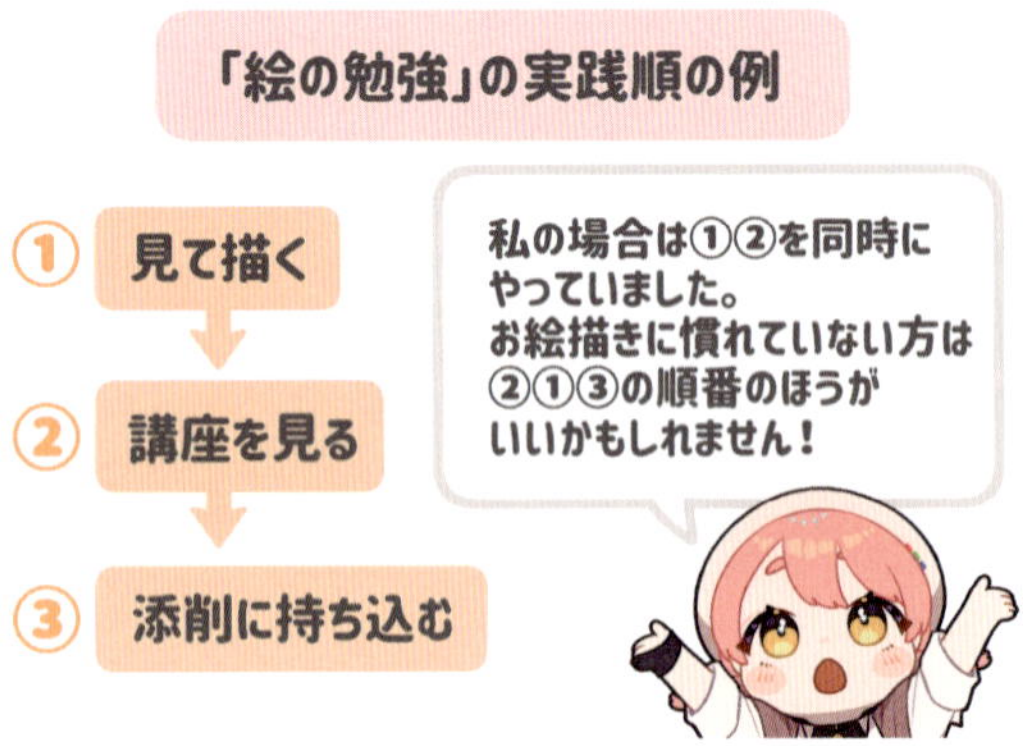

「絵の勉強」の実践順の例
① 見て描く
② 講座を見る
③ 添削に持ち込む
私の場合は①②を同時にやっていました。
お絵描きに慣れていない方は②①③の順番のほうがいいかもしれません！

他の人の絵を見て「研究」してみる

これは最初、「自分だけの絵柄が欲しい」という理由ではじめました。当時はほとんど感覚でイラストを描いていたので、**「自分はどんなイラストに魅力を感じるか」**を具体的にして、**それを自分の絵柄に取り入れよう！**と思いました。

まずは自分が好きだ！ と思うイラストを探すところからはじめます。私の場合はイラスト投稿サイトpixivにて、**「この人のイラスト、好きだな！」と思った方を片っ端からフォロー**していきました。

そしてフォローしたクリエイターさんの作品から、**より自分の理想に近い作品**を見つけます。例えばかっこいいイラストを描きたい方は〝かっこいい！〟と強く感じるイラストを見つける……というイメージです。

次にそのイラストを見て**「特にどこが好きか」**を考えてみます。

目の描き方？ 色の選び方？ 髪のハイライトの描き方？

かわいいイラストを描きたい場合は「特にどこがかわいいと感じたか」、かっこいいイラストを描きたい場合は「特にどこがかっこいいと感じたか」というように**自分の描きたいイラストのイメージと絡めながら考えてみてください**。

私の場合はかわいい女の子のイラストを描きたかったので、女の子の描き方がすごくかわいいと感じたイラストレーターさんのイラストを見て研究しました。そのとき、「この人の描く女の子のどの部分が特にかわいく感じるんだろう？」とイラストを見ながら考えを巡らせました。

現在は描いています！
ほっぺの斜線を
描いていない時期

絵柄は変わるもの。いいなと思ったものは
どんどん取り入れてみてください！

実際に、この作業で私が好きなイラストレーターさんのイラストを参考にして自分の絵に取り入れた要素があります。それは、「**ほっぺの斜線**」です。女の子のほっぺや人物が照れているときのほっぺなど、特に漫画ではよく見る表現ですよね。顔のバランスや目の描き方などもそのイラストレーターさんの特徴が出ていて参考にできそうだったのですが、まずはこのようなわかりやすい要素からチャレンジしてみました。

私は趣味でイラストを描いていたとき

からほっぺの斜線の表現をずっと愛用していたのですが、ＳＮＳでこの表現のことを「古い表現だ」と言っている人を見たことがきっかけのひとつとなり、一時期そのほっぺの斜線を描かなくなっていました。

でもイラストの研究をしていく過程で女の子をすごくかわいく描かれるイラストレーターさんに出会い、そのイラストレーターさんが女の子のほっぺにいつも描いている斜線が「より女の子のかわいさを引き立てている」と感じられ、**こんなかわいい表現を使わない手はない!** と強く思い再度自分の絵柄に取り入れることにしました。

こんな感じで、好きだなと感じたイラストレーターさんの作品を研究していきました。

私の場合は絵柄の部分を見て「イラストの魅力を上げる」ことを意識していましたが、絵柄ではなく**「その人の絵のどこが上手いと感じるか」に置き換えて研究してみることで「イラストの技術上げる」**こともできるかなと思います。

自分の絵に取り入れて「描」いてみる

「だからこの絵が好き!」というポイントを見つけたら、次に**「どうやって描いているのか」**

に注目して分析し、自分の絵に取り入れてみます。

まずは自分がイラストを描く際に、pixivでフォローした人のイラストが見えるようにしておきます。ただしこれは模写をするためではありません。先ほど「その人の絵のどこが特に好きなのか」と考えたときに好きだった部分を確認しやすくするためです。

最近は顔用（目など）の線画レイヤーに
ほっぺの斜線を描くことが多いです

前述したほっぺの斜線は取り入れるのが簡単なパターンです！ 掘り下げて考えると「斜線は短く3本だけ」とか「ほっぺ全体にたくさん線を引く」などタイプは分かれるかと思いますが、私は赤〜オレンジ系の色で、5〜8本程度線を描くのがいいなという結論になりました。

他にも、例えば髪のハイライトなどの「描き方」を参考にしたい場合、次のように**要素を分解してみる**のがいいと思います。

- ハイライトは波打っているのか、それとも弧を描くようにつるんとした形をしているか
- ベースカラーとは馴染んでいるのか、くっきり分かれているのか
- ハイライトの色の選び方は？ ベースカラーに対して何色を選んでいるか。覆い焼きなどのレイヤー効果を使用しているか？

もしくは、もっとシンプルに「弧を描くようなシンプルな髪のハイライトがいいなと思ったからその形だけ取り入れてみよう」でもいいと思います。

今回は髪のハイライトを例に出しましたが、他の箇所でも同じように考えていけると思います。

「今まで歯を描いていなかったけど、描くのもかわいいのかも。取り入れてみよう」とか。「目のハイライトは小さめのほうがかわいく感じるかも。取り入れてみよう」とか。これだけ**シンプルでもOK**です。

また、私は色の使い方を褒めていただくことが多いです。元々たくさんの色を使ってイラストを描くことが好きなのですが、勉強をしていく中で色の使い方に感銘を受けたイラストレーターさんがいました。

髪のハイライト…
波打たせ方は？
全体的に頭の形に沿い、
一部髪の流れにも沿っている
色の馴染み方は？
1番明るい色とベースの間に
違う色を挟んで馴染ませている
色の選び方は？
ベースと同系色ではなく
全く違う色を選んでいる
模写するわけではなく、
いいなと思う特徴や
描き方を参考にする

自分の絵柄（癖）にこの研究成果が混ざることで、
きっと自分の絵柄が好きになります！

白い髪の暗い部分に
紫やピンク色
黒い服のしわに
赤色なども混ざっている

元々いろんな色を使って描くタイプでしたが、
イラストの研究をしてからよりその色使いが洗練されたと感じます

その方は**ベースカラー、ハイライト、影をすべて違う色**で描くなど、とにかく色の選び方が独特にもかかわらずとても美しいイラストを描かれる方でした。「このベースカラーなら影はこの色」のような法則性もなく、髪のハイライト1つ取っても何色もの色を使われていました。

現在の私のイラストにおける色選びは、一部そのイラストレーターさんの影響を受けています。具体的には顔の奥のほうに見える髪の色、首の下の影の色、服のしわの色などでしょうか。

例えばグレー系の髪に影を落とすならグレーを暗くした色で着色する方も多いかと思いますが、その際に影の色を暗めのグレーにするのではなく、例えばネイビーや紫を使ってみるなど……。

とはいえ私もなにか法則をつくっているわけではなく、他の色を使うこともあります。しかしそのイラストレーターさんの影響で**「色でもっと遊んでみる」という発想**ができるようになりました。

色を参考にすることは難しいパターンも多いと思うのですが、「髪の影の色」などで一部を切り取って考えてみると参考にしやすいかもしれません。

このように、**自分の好きだと感じる要素や描きたいものの方向性に近い要素をたくさん吸収しイラストに反映させていったことで、イラストの説得力が上がっていきました。**

模写やトレースもいいですが、このように「どうやって描いているのか」を参考にしていくのもいいかと思います。イラストのメイキングを公開されている方もいますので、ぜひそれも参考にしてみてください。

Column

模写やトレースはしたほうがいい？

結論から言うと模写やトレースはおすすめです！

ただし私がご紹介した「参考にする」こととは違い、模写やトレースには明確に注意点がありますので、ここで詳しく説明させていただきます。

模写やトレースをする上での注意点

- ①模写、トレースしてできた作品はSNSなどにアップロードしないこと
- ②そもそも模写やトレースをしてほしくないクリエイターさんもいること

まず①ですが、これはシンプルに著作権法に触れてしまう行為であるためです。

イラストの練習などのために模写やトレースを行うこと自体は問題ありません。ただ模写やトレースをしてできた作品をSNSなどに公開してしまうと著作権侵害にあたってしまいます。

次に②ですが、そもそも自分がアイデアを絞り出し努力して描き上げた作品を模写やトレースされること自体をあまりよく思わないクリエイターさんもいます。そのような**意思表示をされている方の作品は利用しないように**しましょう。

そしてできた作品をネットにアップロードしないだけでなく、「○○さんの作品を模写（トレース）して練習した」などの発言も控えるようにしたほうが無難です。

模写

見本を見ながら描き写すこと

トレース

見本を下に敷いて線をなぞること

自分が1から描いたもの以外は基本的に自由に使っていいものではないと認識しておきましょう！

私も子供のときはトレースをたくさんしていました。当時読んでいた漫画雑誌にトレーシングペーパーを重ね、好きな漫画のページをたくさんトレースしました。漫画を見ながらの模写もやっていたと思います。

当時はただ楽しくて模写やトレースをやっていた思い出があるのですが、今思えば**トレースをすることで自分が理想と**

する顔のバランス、目の描き方などがすばやく身についたのかなと思います。

また私はやったことがないのですが、デジタルイラストを模写する方法もあります。模写したいイラストを見える位置に置き、それを見ながら色も形も模写する方法です。顔のバランスなどの感覚が掴めると同時に、色の選び方も参考になるのかなと思います。

このように模写やトレースは、特に初心者さんには絵を描く感覚を手っ取り早く掴むことができるいい方法です。

しかし先述の通り必ず注意しなければならない点があるため、**実践する際は原則自分にしか見れない状態で練習用にのみ作品を利用しましょう**。

例外として、ポーズの参考用にトレースＯＫなラフ素材を提供してくださっている方や作品のトレースを許可しているクリエイターさんもいます。著作権法に触れない範囲でぜひ利用してみてください！

勉強② 無料、有料の講座を見た

「見て描く」の次に私は**イラスト講座**を見ました。

きっとこの本を手に取ってくれた方だったら1度は見たことがあるかもしれません。今は**SNS**でイラストのハウツーを共有しているイラストレーターさんがいたり、**YouTube**などの動画サイトでイラストの描き方などを教えてくださる方がいっぱいいますね！　私もそんな先輩イラストレーターさんたちからたくさんのことを学ばせていただいた人間の1人です。

私はSNSなどで誰でも見られる講座の他に有料の講座も受講しました。その経験をもとに、まずは無料と有料でどう違うのか、といった話からさせていただきます。

無料の講座と有料の講座の違い

とてもありがたいことに、最近はプロの方の講座が無料で公開されていることも多いです。

ただし**無料で見られるものの内容には限界がある**、と私は思っています。

それはなぜか。例えばＹｏｕＴｕｂｅで見れる講座だと、あまり長い動画は見てもらえないので10分前後でまとめられていることが多いです。

それに対して、実は私も有料の講座をつくらせていただいた経験があるのですが、その**講座の全体の長さは2時間30分ほど**です。お仕事で制作させていただいたということもあり、普段自分が行っているお絵描き配信や投稿している**10分程度の動画では説明しきれない細かなポイントまで解説することができました。**

無料の講座では大事なポイントを絞って簡潔に伝えてくれていて、時間がない中でもサクッと見れるのが魅力ですし、なにより無料というのが誰でも気軽に見られる大きなメリットです。

一方で、有料講座はしっかり時間をかけて物事を教えてくれる印象で、短い動画では説明しきれない細かいテクニックなども知ることができます。お金を払う分のハードルの高さはありますが、**間違いなく無料の講座よりも多くの知識が得られる**と思います。

実際に私が同じテーマで無料の講座、有料の講座、どちらも見る側として体験したところ、やはり有料の講座のほうがより多く専門的な知識が得られたと感じました。

無料で見れるものも上手く利用しながら、少しでも気になる有料の講座があれば積極的に未来の自分に投資してほしいと思います。

この項目では実際に私が各講座を利用したときのお話をもう少しさせていただきます。

有料の講座

- ボリュームがあって学べることも多い
- より専門的な知識を得ることができる
- 講師の方のデータが付属していることも

↓

講座を購入するための費用は必要

無料の講座

- 誰でも無料で見れる！
- 要点がまとめられていてわかりやすい
- 空き時間にサクッと見れるボリューム感

↓

学べることの多さは有料講座に劣る

ただし…

無料の講座／XやYouTubeで見られる講座

XやYouTubeを見ていると、イラストレーターさんなどによる絵を描くときの豆知識を画像にまとめたポストや、有名なイラストレーターさんによる動画をよく見かけます。たくさんのイラストレーターさんたちが無料で見られるかたちで知識を公開してくれるなんて本当にありがたい！これらの機会を無駄にするわけにはいきませんので、その講座から得た知識を自分のものにすべく、普段勉強をすることが苦手な私もこのときばかりはノートとペンを手に取りました。

SNSで見た情報はさらりと流し見してしまったり、覚えておこう！と思っていても忘れてしまったり、そんな方もいると思いますので、**得た知識はぜひノートなどにまとめてみたり、覚えるまで見えるところに学んだ内容を書いたメモを貼ったりしておいてください。**

特にYouTubeではおそらくどの動画も「短時間でわかる」「要点がまとめられている」ことが多いので、メモやノートにまとめるのも簡単だと思います。

私もノートに学んだことをまとめています。それをイラストを描くたびに見ていたか？と聞かれると実はそこまで見ていなかったのですが、学んだことをノートにまとめることの効果は感じています。
見るだけではふんわりとしか頭に入らなかったイラストの技法なども、「**ノートに書く**」と

X(Twitter)で流れてくるもの…

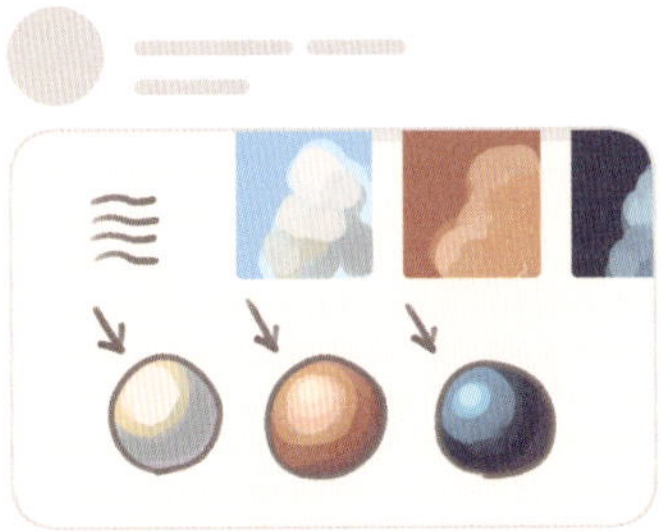

講座というよりはクリエイターさんの自分用メモのようなものが多く、そのクリエイターさんの描き方がよりリアルに知れる印象があります。

Youtubeで流れてくるもの…

目の描き方

サムネイルで内容が分かりやすいのが特徴。
10分程度のボリューム感が主流でサクッと見れる！

こういうのは
見たことがある人も
多いかなと思います！

いう行為を挟むことでより強く記憶することができた実感があります。

また私はずっと趣味でイラストを描いていたことから、慣れるとすぐ我流で描いてしまう……ということが多々あります。我流で描くこと自体はもちろん悪いことではないですが、私の場合はせっかく学んだことを忘れてしまっている状態のため、そんなときに学んだことを思い出すためのツールとしても活躍してくれています。

このように、あとあとノートが活躍してくれるパターンもありますので、たくさんのことを一気に学んだ場合は特にノートにまとめる、可能であれば作業中に目に入るところに貼っておくのがおすすめです。

または、**YouTubeの講座動画の場合は視聴しながら絵を描くこともおすすめ**です。私はこれをよくやっていたのですが、絵を描きながら動画の内容を実践することですぐに内容を覚えることができました。動画自体もおそらく10〜20分程度のものが多いので、わからなかった点もすぐ見返すことができます。

講座を見ながら、そのとき描いているイラストで早速実践してみる！
目の描き方

余談ですが、Xで流れてくる講座は自分から見つけにいくというより、おすすめポストで見つけたものやフォローしているイラストレーターさんが投稿したものをタイミングよく見れた……ということがほとんどでした。

Xから講座を探すのは大変です。もしネットで自分から講座を探したい場合は、Xよりも**イラスト投稿サイト**のほうが過去の投稿なども検索しやすくおすすめです。

ただし、このような無料の講座はイラストレーターさんなどがご厚意で公開してくれているものなので、自分が知りたい内容の講座とは違った！ わかりづらい！ ということは多々あるかと思います。

私個人の意見としては、**無料の講座を時間をかけて探すくらいであればサクッと有料の講座を購入する**ことをおすすめします！

理由は最初にお伝えした通り、有料講座のほうが学べる内容が多く、時間をたくさんかけてまで無料の講座を探す必要はないと感じるためです。有料だとお金を払った分、学ばなきゃ！と思いますしね。

それでも無料であることは大きなメリットではありますので、イラスト投稿サイトでワード検索したり、YouTubeでお気に入りのイラストレーターさんのチャンネルページなどから動画を見つけてみてください。先輩イラストレーターさんたちに多大なる感謝を……！

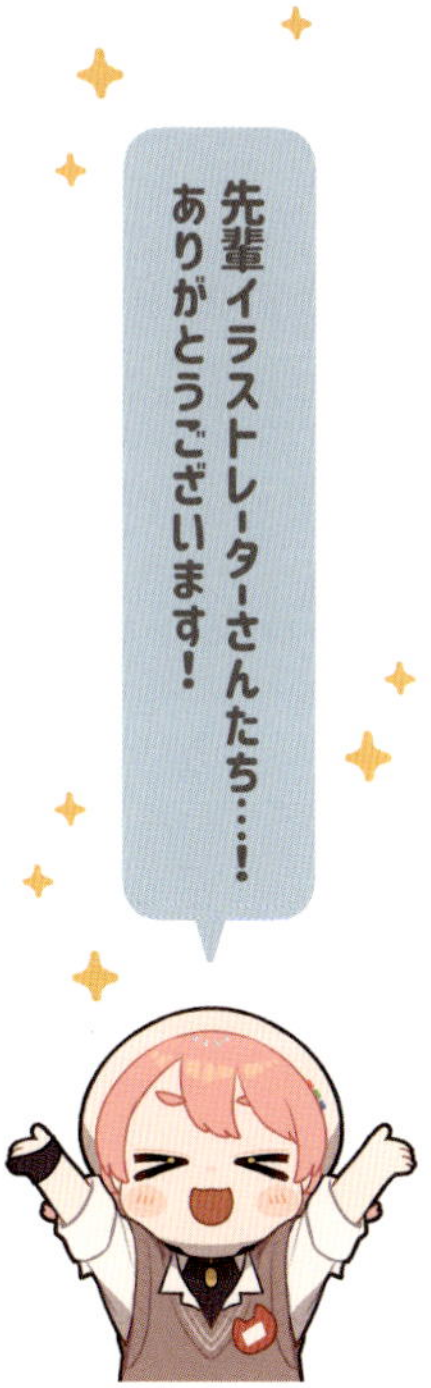
先輩イラストレーターさんたち…！
ありがとうございます！

有料の講座／お絵描き講座サービス「パルミー」

お絵描き講座サービスの**パルミー**をご存知でしょうか。イラスト投稿サイトなどによく広告が出ているので、利用したことがなくても名前は知っている人は多いかもしれません。

Chapter2で学校へ実際に通ってイラストの勉強をすることを検討したお話をしまし

たが、学費を見て学校へ通うことは断念したあと、オンラインでイラストについて学べる道を探して辿り着いたのがパルミーでした。

そもそも学校を探したきっかけは、プロのイラストレーターになる上で「説得力のある専門的な知識が欲しい」と考えたからです。

個人的には学校に通ったり誰かから直接イラストを学ぶことはプロになる上で必須だとは思っていないのですが、「こういう理論だからこう描く」「こういう効果があるからこう描く」「このような理由でこの配色にした」……など、言葉で説明できる知識を持ってイラストを描くことで、自分のイラストに説得力を持たせたいと思っていました。

パルミーの受講を決めたのもその理由が大きいですが、私の場合、なにより「**キャラクターデザインについて学びたい**」というのが最大の理由でした。自分が極めたい分野であり、ソーシャルゲームのキャラクターイラストを担当したいのであれば必要な知識だと思ったからです。

パルミーに行きつく前は、まずは無料の講座から探しました。

しかし……。

インターネットで「キャラクターデザイン　講座」などで検索をしてみるとキャラクターデザインのコツを教えてくれる誰でも閲覧可能なサイトや、ＹｏｕＴｕｂｅ動画などがいくつか見つかります。これらはどちらも5～10分ほどで閲覧可能な内容量でした。

それに比べて**私が実際にパルミーにて受講したキャラクターデザインの講座は3時間ほどのボリューム**がありました。私はキャラクターデザインに関しては本気で学びたいと思っていたので「得られる知識は全部欲しい！」という気持ちで、無料の講座よりもたくさんのことが学べるというだけで有料の講座を受講する理由になりました。

受講してみた結果、私の実感としても、無料で見れるサイトで得られたキャラクターデザインの知識に比べ、有料であるパルミーで学んだ知識のほうがより**専門的かつ量も多かった**です。その後学んだ内容を活かしてたくさんのオリジナルキャラクターイラストを描くことがで

キャラデザの
専門的な知識が欲しい
と、学びたいことを定めて
無料の講座を探してみましたが
自分が欲しい知識は
見つかりませんでした

きましたし、専門的な知識が身につき、そしてそれが自信に繋がり、今はキャラクターデザインのスキルも売りにしてお仕事ができています。

また、**パルミーのようなサービスはサイト内で講座を検索できることがほとんど**で、受講したい講座が見つかりやすいです。「時間をかけて無料の講座を探す」のがもったいないと感じたら、ぜひ有料の講座から学んでみてはいかがでしょうか。

私は実際に有料の講座を体験し、無料の講座と有料の講座で学べる内容の違いを知った今は何か学びたいことがあれば基本的に有料の講座で学ぶようにしています。

お金は必要ですが**間違いなく技術向上の近**

美少女系など私と近いジャンルのイラストが描きたい方
学びたいことや自分の課題が決まっている方
有料講座がおすすめです!

道ではあるので、勉強のための出費ができる方、受講を検討している方は有料の講座もうまく使ってほしいなと思います。講座を受講すると講師の方が制作されたＰＳＤデータをダウンロードできることも多く、その点もおすすめですよ！

では簡単ではありますがパルミーについてご紹介します。

パルミーは**基本月謝制で、1ヵ月、半年、12ヵ月と区切られている期間の中で講座を視聴**することができます。例えば半年のプランで加入すると、加入から半年間は講座を自由にいくつも視聴することができます。逆に言うと、契約した期間を過ぎると講座を視聴できなくなるためその点は注意が必要です。

勉強方法は、私は**無料の講座で学んだときと変わらずノートをとりました**。無料の講座では動画を見ながらイラストを描く方法もご紹介しましたが……、これは有料講座ではちょっとやりづらいかもしれません。要点が簡潔にまとめられているYouTube動画に対し、有料の講座では時間をかけて〝ゆっくりじっくり細かい点まで〟説明してくれることが多く、今何について説明をしているのか気になってしまうなど、**動画を視聴し内容を覚えながらイラストを描くというのがスムーズに行えない印象**です。

私の個人的な感想ではありますが、**パルミーの講座を見ながら要点をノートをとり、あとで学んだことを実践する、というやり方のほうがスムーズかもしれません。**

ただ、サービスによっては講座を購入すると期限なく講座を視聴できることも多いため、パルミーのように期間が定められていなければこの点はあまり気にしなくてもOKです。

ちなみに当時、私は半年のプランでパルミーに登録したのですが、見事に忙しくてあまり講座を見れないまま数か月が過ぎ、最後の1ヵ月で駆け足で講座を見て学んだことをノートに取りました……。ご利用は計画的に！

講座サービスは…

講座を購入すると無期限で講座内容を視聴できるもの

契約中期間中しか講座を視聴できないもの（月謝制）

…の2パターンがあります！ご自身のペースで学べるか、契約前に要チェック！✔

勉強③ 添削をしてもらった

みなさんは誰かに作品を添削してもらったことはありますか？

私は「sessa」というサービスを通して1度だけ添削をしていただいたことがあります。

添削をしてもらうためには全力で描いたイラストを最低でも1枚用意する必要がありますが、**作品を誰かに見てもらって直接アドバイスをいただくのはやはり得るものもとても大きい**です。

動画を見るだけの講座類と違って有料であることがほとんどですが、技術力の向上に大きく繋がる方法ですのでぜひ試してみていただきたいと思います。

ここでは私の体験を少しだけお話しします。

個人レッスンサービス、ｓｅｓｓａ

私が利用させていただいたサービスは「ｓｅｓｓａ」です。

ｓｅｓｓａはイラストなどの添削を依頼できる個人レッスンサービスで、**〝添削に特化したコミッションサイト〟**と言い換えてもいいかもしれません。売る側は「先生」となって添削を募集し、買う側は「生徒」と呼ばれ、たくさんいる先生の中から添削してほしい方を選び添削サービスを依頼するような流れで利用します。

自分で継続して依頼を出さない限りは１回のやりとりで終了なので気軽に利用することができます！

私は当時ソーシャルゲームに出てくるようなものをイメージしたキャラクターイラストを描き、そのイラストを添削してもらうためにｓｅｓｓａ

sessaとは?

「添削」に特化した個人レッスンサービス
添削技術を売買できるコミッションサイトのイメージ

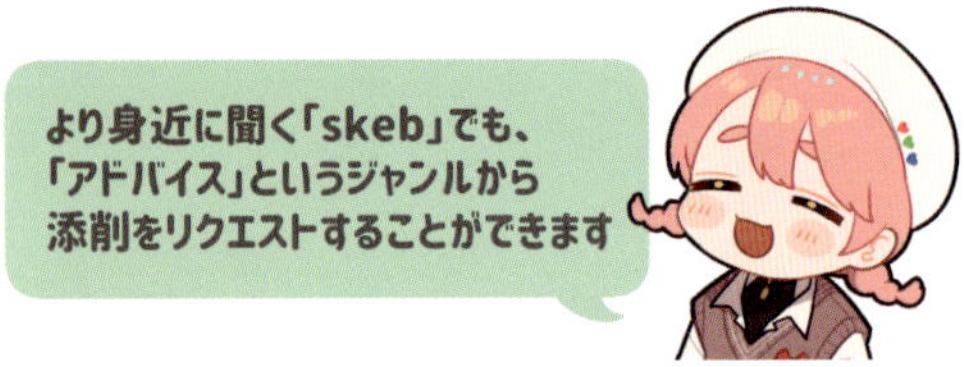
より身近に聞く「skeb」でも、
「アドバイス」というジャンルから
添削をリクエストすることができます

このほかYouTubeをしている方が個人的に
添削をしてくれているパターンもあります！

を利用しました。

最初に先生となって添削してくれる方を選ぶのですが……、**どなたを選ぶかは大事です！**

イラストレーターを目指すなら誰でも知っているようなとても有名なイラストレーターさんも

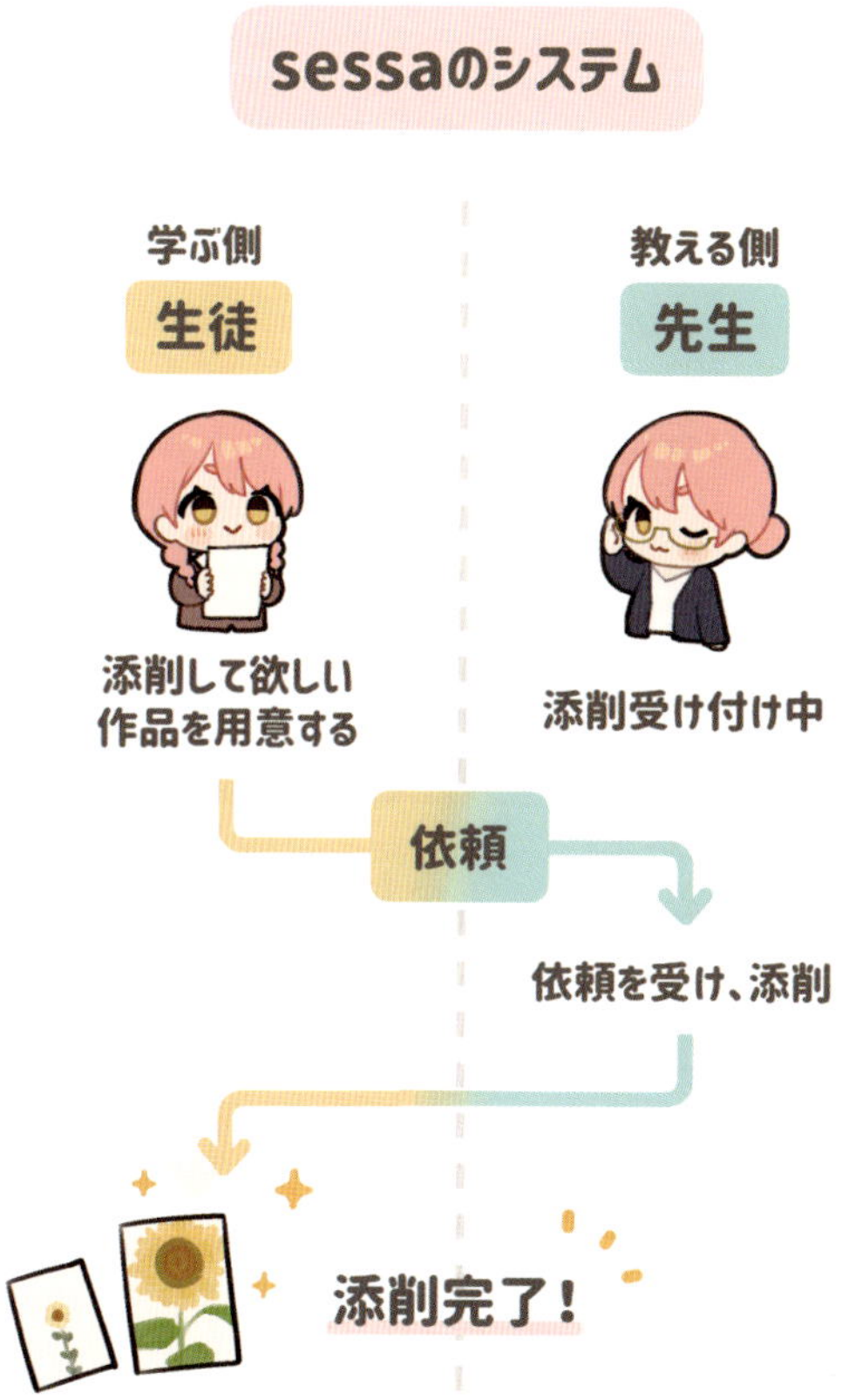

システムはとてもシンプル。
sessaが仲介してくれるので安心して利用できます

先生として登録されていて、その方にお願いしようかとも思ったのですが……。

そのときは**「ソーシャルゲームのキャラクターイラストに詳しい人に見てもらいたい！」**と決めていました。その有名なイラストレーターさんはソーシャルゲームのイメージはあまりなかったため、迷いながらも別の先生を探し、プロフィールや経歴にソーシャルゲームの制作に関わったことがあると記載のあった先生にお願いをしました。

依頼するときの予算は**5，000円前後が平均的**な印象で、実際に私は当時5，000円で依頼させていただきました。

先生によってかなり前後しますが、安価の場合でも料金に合わせて添削量を調整して対応してくださる方も多いため、まずは高くても5，000円、くらいの認識でOKです。もっと詳しく、細かく添削してほしい！という先生が見つかった際は、逆に値段を上げてより細かい添削をお願いするのもいいと思います。

次に添削を依頼する際に先生方へ送る文章ですが、私は次のような文章にしました。

●●様
初めまして！ユッカと申します。

この度は自身のイラストの添削をしていただきたく、ご連絡させていただきました。


普段「かわいい、キレイ」なイラストを目指して描いています。

私はイラストレーターになりたいという夢があり、いろんなイラストをお仕事で描いてみたいと思っていますが、ゲームが好きで主に「ソーシャルゲームのキャラクターイラスト」を担当できるようなイラストレーターを目指しています。

プロの方から見て自分のイラストがそう見えるかジャッジ＆アドバイスをいただきたく、この度ご依頼させていただきます。


【お送りしたイラストの内容】
・自身のオリジナルキャラクターのソーシャルゲームのキャラクター立ち絵風イラスト。「水属性の魔法を使用している」イメージです。
・キャラクターの詳細：剣や魔法のあるファンタジー世界にて「海賊船の乗組員で、船員たちの治療担当」をしているクールな兎獣人の女性。治療魔法に加え水属性の魔法が得意。

【見ていただきたいポイント】

ソーシャルゲームの立ち絵イラストである、という前提で、
★現在の技術（絵の上手さ）でプロの世界で通用するかどうか
★違和感のあるところがないか
★構図の良し悪し、プロ目線で修正するならどこか
など、監修される視点でこのイラストがどう見えるか、魅力的に見えるかどうか、ここを直したらもっと魅力的になる！というのがあれば教えていただきたいです。

他、お気づきの点がありましたら料金内でアドバイスくださると幸いです。

このように**自分がどこを目指しているのか、また作品のどこを見てほしいのか、**を事前に伝えられるとより的確なアドバイスがいただけると思います。

また、これに加えてこのとき悩んでいたことも一緒に相談・質問させていただきました。例えば、東京などに出ず地方住みのままでも専業イラストレーターとしてやっていけるのかどうかなど……。ちなみにこの答えとしては「もちろん地方でできるしそういう人の方が多い」というようにお答えいただきました。

最終的に、自分の描いたイラストに加筆修正していただき、**それぞれどのような理由で修正いただいたのかの説明**や、**ゲームを制作される側の視点でのアドバイス**、そして**私の悩みへのアドバイス**などをいただきました。

自分の作品を直接見て修正していただけるところ、そして1対1であることで自分の状況ややりたいこと、目指していることを理解していただいた上でアドバイスがもらえる……というのは動画などを見るだけでは得られない経験で、得るものが大きく添削ならではだと感じます。

ところで。私が送った依頼文には、私がずっとずっとプロの方に聞きたかったことを書きました――

「このレベル、プロでも通用しますか？」

前の項で私が先生の方にお送りした依頼文をお見せしましたが、そこで私は自分がずっとずっと気になっていたことを先生へジャッジしていただきました。

それは**「現在の技術（絵の上手さ）でプロの世界で通用するかどうか」**です。

これは**私がこれからプロイラストレーターとして活動していく上で、どうしても誰かに一度聞いておきたかったこと**でした。

依頼文に書いた通りこれは「ソーシャルゲームの立ち絵イラストである、という前提」でジャッジいただいたのですが、このときに先生に〝プロとしても通用しますよ〟、と言っていただけたことが自分の自信になり、専業イラストレーターとして活動をはじめるときの大きな心の支えになりました。

おそらくこれからプロになりたい方は同じ質問で一度客観的な意見を聞いてみたいと思うのではないでしょうか。

有償でお仕事として依頼をしたからこそ、相手も真剣に答えてくれると思います。添削を誰かにお願いする際はこちらを聞いてみるのもおすすめです。ただし「イラストレーターとしてプロでも通用するかどうか」という聞き方だとかなり範囲が広くなってしまうため、**自分がどのような業界でイラストを描きたいのか、そしてその業界で通用するのか**、を伝えた上で質問することがポイントです。

Chapter 4

イラストレーターへの道

1年目

❷ ポートフォリオをつくる！

お仕事をいただくために必要なもの

がんばって勉強して、どれだけイラストが上手になったとしても、それだけではイラストのお仕事をいただくことはできません。イラストでお仕事をいただくために絶対に必要なものとはなにか？

それが、「**ポートフォリオ**」です。
ポートフォリオとは**自分の作品群**のことを言います。

自分にお仕事を依頼したい人が「このイラストレーターはどんなイラストが描けるんだろう？」というのを確認するために必要なものですね。どんなイラストが描けるかわからない人に「この人に依頼しよう」とはならないので、プロのイラストレーターとしてやっていくためにはポートフォリオはとても重要です。

ポートフォリオをつくろう！

ポートフォリオの形式は、例えばパソコン内でフォルダにイラストのデータをまとめたものもポートフォリオと呼べます。お仕事の仲介業者の担当さんにフォルダを圧縮したものを送ることもありますが、一般的には**ネット上に作品を投稿したものをポートフォリオとする**人の方が多いかなと思います。

ポートフォリオに使えるサービスはいくつもあります。**イラスト投稿サイトをポートフォリオ代わり**にしている人もいたり、**個人でサイトを1から作成してサイト上で作品を公開**している人もいます。

私の場合はイラスト投稿サイトに作品を投稿することからはじめ、現在は自身のポートフォリオサイトを持っています。ここでは私が実際にやってみてわかった、おすすめの順にご紹介していきます。

おすすめ① 個人サイト

それでは実際にポートフォリオをつくってみましょう。**1番のおすすめは個人サイトを持つこと**です。

この本でご紹介する中では1番作成と管理に時間がかかるとは思うのですが、個人サイトを持っておくことで**きちんと事業として活動をしていることが伝わりやすくなります**。

実は、私が個人サイトのポートフォリオを用意したのは専業イラストレーターになってから1年ほど経過したときでした。

それまでも別のポートフォリオを所有していたものの、管理が難しく放置してしまうことが多々あり、イラスト投稿サイトをポートフォリオ代わりにしていました。

それでも周りを見渡せばお友達のイラストレーターさんも、憧れの有名なイラストレーターさんも自分のポートフォリオサイトを持っている……。私自身はまだポートフォリオサイトを重要視していなかったものの、周りを見てなんとなく「ポートフォリオサイトってやっぱり必要なのかもしれない」と思ったことをきっかけに作成しました。

実際に自分のポートフォリオサイトを作成したあと、体感としてお仕事のお声がけをしてくださった方のなかでも**企業の方はポートフォリオサイトをほぼ必ず見てくださっている印象**でした。

しっかりつくろうと思うと時間のかかってしまうポートフォリオサイトづくりですが、やはりご依頼を考えてくださっているクライアントさん視点だと大事な要素になるのかなと感じています。

私は「WIX」というサービスを利用してポートフォリオサイトを作成しました。個人サイトを作成するサービスの中では多くの人が使用している印象で、私も比較的簡単にサイトを作成することができました。

ポートフォリオサイトを作ってみて…
主に企業の方がサイトから
問い合わせしてくださったり、
ポートフォリオサイトも
見てくださっていると感じました
拝見
しました！

職業柄とにかくイラストを見てほしいので**サイトに飛んだあとすぐにイラストが見れるようなデザイン**にして、サイト内の構造もシンプルに、**トップページ**（**ポートフォリオ**）、**プロフィールページ、メールフォームの3ページのみで構成**しました。この程度の構成なので1日でほとんど完成まで持っていくことができました。

WIXは誰でも簡単に本格的なサイトがつくれることを売りにしているサービスなので、サイトのつくり方はある程度丁寧に説明してくれます。

まずは会員登録をしたあと、どのようなサイトをつくりたいか選択し、サイト名を決めます。

WIXにはビジネスなどに利用できる本格的な機能がたくさんあり、何かを販売する機能、サブスクを提供する機能、音楽を販売する機能、サイトの訪問者とチャットができる機能、サービスの予約をする機能……などから自分のサイトに追加したい機能を選ぶことができるようになっています。その中のひとつに「**ポートフォリオ**」**機能**があるため、私はそれを選択しました。

そのあとはサイトの見た目を実際にデザインしていきます。これもテンプレートから作成できますので、よくわからない！という方は**テンプレート**を選んで作成してみてください。

ユッカのポートフォリオサイト[2]。これくらいシンプルでOK！

基本的にHTMLなど専門的な知識は不要で、サイトデザインを直接触って動かすイメージで直感的にサイトを編集することができます。

最近はWIXのような簡単にサイトを作成できるサービスもいくつかありますので、専業でお仕事がしたい、もっとお仕事が欲しい！という方は頑張ってつくってみることをおすすめしたいです。

更新は2〜3カ月に1回程度でOK

サイトを作成したあとは更新も忘れずに！新しい実績ができたらその作品もアップロードしてポートフォ

2 私のポートフォリオサイトです！
https://yuckak3.wixsite.com/yuckak3

リオを更新しましょう。
私の場合は**2〜3ヵ月に1回程度でまとめて更新**しています。1つ1つ更新しない理由としては、基本的には**納品後すぐ公開できるわけではない**というのが大きな理由です。

お仕事で制作させていただいた作品は、クライアントさんが納品した作品を公開されたらこちらも実績として載せる……という順番で公開になることがほとんどです。また納品した作品が公開されるタイミングを把握していないパターンも多いです。

例えば「クライアントさんが作品を公開した次の日にポートフォリオサイトを更新しよう」などのルールを決めると、そのタイミングが忙しい時期と被ることも多く負担になると感じました。そのため更新は2〜3ヵ月に1回ほど、時間のあるときに行っています。

実際のところ1回の更新でアップロードできる作品の数は

そもそもクライアントさんによる
作品の公開時期によっては
1ヵ月に1枚も実績が出せないことも
ポートフォリオの更新は
できるときにでOK！

1～3枚程度で、加えて私の場合はすでにポートフォリオにある程度の作品数がありそれらを見てもらうことができるので2～3ヵ月に1回の更新ペースはちょうどいいと感じています。

作品の数が少ない場合はこまめに更新することをおすすめしたいのですが、**自分の負担にならないペースで更新するのが1番いい**と思います。

おすすめ② イラスト投稿サイト／Xfolio

個人サイトの次におすすめなのはイラスト投稿サイトです。

イラスト投稿サイトなのでイラストが見やすいように設計されていますし、**いいねやブックマーク、閲覧数などが多ければ人気や需要の指標となりやすい**です。

またイラスト投稿サイトのプロフィールでイラストのお仕事を募集している旨を記載している方も多く、実際にイラスト投稿サイトを見てお仕事を依頼する業者の方もいます。このようにイラスト投稿サイトでお仕事を募集すること、イラスト投稿サイトを見てお仕事を依頼すること、どちらも業界では浸透している印象のため**イラスト投稿を続けていれば個人サイトより大きな効果が得られる可能性もある**と思います。

おすすめのサービスとして「**Xfolio**」にはポートフォリオをつくる機能が備わっています。

Xfolioがおすすめの理由！
多機能！
・イラスト投稿サイト
・ポートフォリオ作成
・自家通販＋DL販売サイト
・パトロンサイト
ポートフォリオでは…

個人サイトのような運用、デザインも可能！

イラスト投稿では…

「イラストを原寸表示するか？」「イラストの保存を許可するか？」など作品を守る機能もあります！


作品の投稿は小説、漫画も可。

Xfolioだけでいろんなことができちゃいます！


Xfolioは「作品投稿サイト」、「ポートフォリオ作成機能」、「自家通販ができるショップ機能」、「パトロンサイトが運営できるファンコミュニティ機能」……これらが**1つのサ**

イトで全部運用できる多機能なサービスです。

私は以前Ｘｆｏｌｉｏさんからご依頼をいただきＰＲ動画を作成させていただいた際に、Ｘｆｏｌｉｏでポートフォリオサイトを作成してみました。それ以降私もイラスト投稿などで利用しており、ポートフォリオが目当てでない場合でもクリエイターさんにおすすめしたいサービスです。

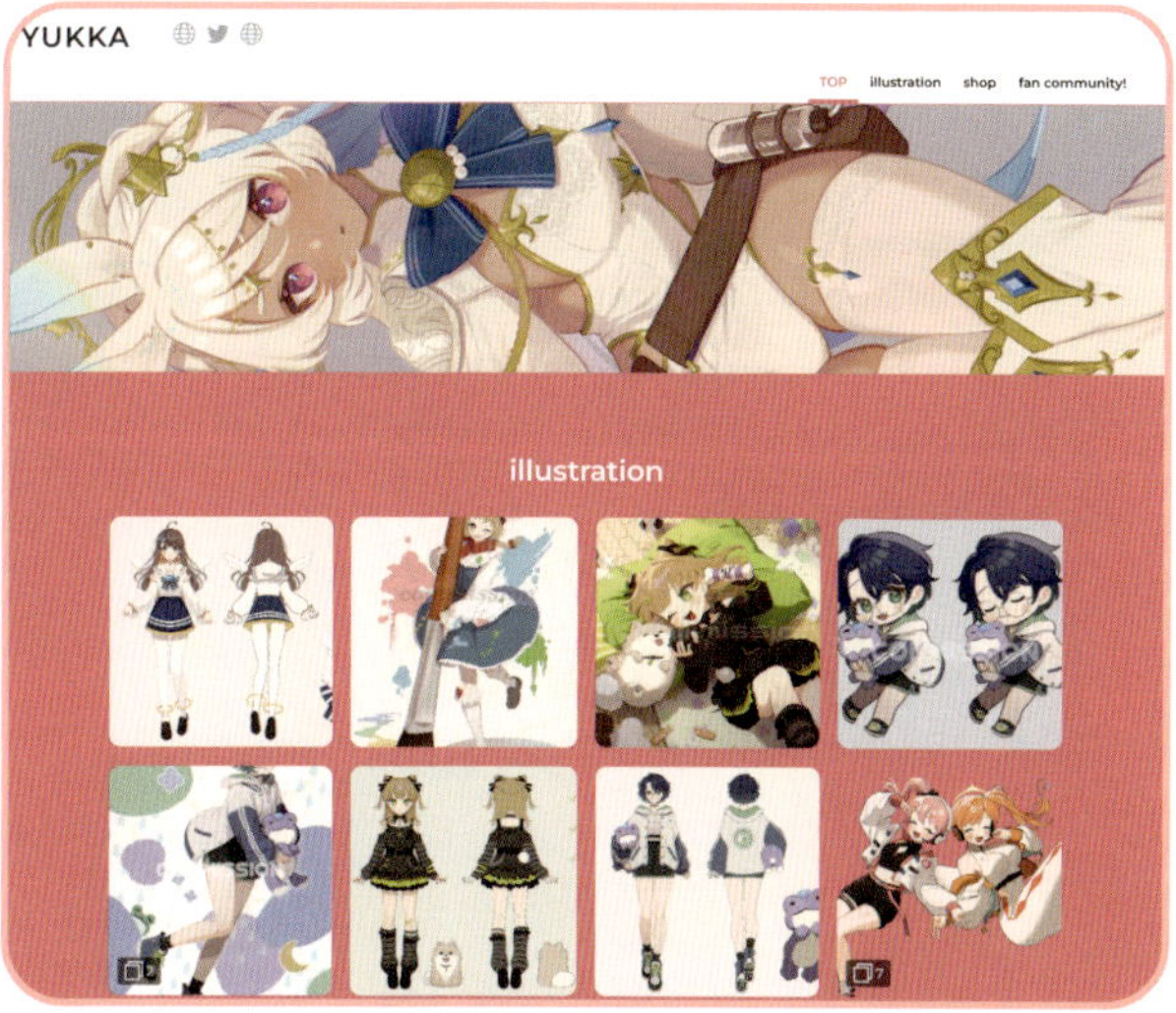

テンプレートは数種類から選択可！ イラスト投稿サイト内に自分専用のページがつくれるイメージです

これが実際に私がＸｆｏｌｉｏで作成したポートフォリオです。[3]

Ｘｆｏｌｉｏでポートフォリオをつくる際はデフォルトでおしゃれなテンプレートが用意されており、そこに作品を置いていくだけでポートフォリオをつくることができます。シンプ

3 私のXfolioページはこちら！
https://xfolio.jp/portfolio/yuckak3

ルなテンプレートから中にはアニメーションのついたテンプレートもあり、かなり見ごたえのあるポートフォリオサイトもつくることができます。

個人サイトをつくるときのような自由なレイアウトや外部へのリンク、サイト内に別のページをつくることも簡単にでき、**簡単に見栄えのいいポートフォリオをつくりたい場合はおすすめ**です。

作品を守る機能付き！

おまけでXｆｏｌｉｏのおすすめポイントとして**「作品を守る機能がついている」**ことにも少し触れさせてください。

Xｆｏｌｉｏに作品を投稿する際には「作品の原寸大表示を許可するかどうか、またそれを保存可能にするかどうか」を選択できたり、作成したポートフォリオサイトに対して「画像保存を許可するかどうか」「ｂｏｔ対策をするかどうか」などを選択できたりします。

近年、イラストレーターさんや漫画家さんのあいだでは画像生成ＡＩの話題がたびたび上がりますよね。

個人的な意見ですが、私は画像生成AIについてはすごい技術だと感じる反面、「**著作者が画像の利用を許可していないのに無断で学習・出力されてしまうことが許されている**」という**部分は大きな問題**であると考えています。

特にLoRAモデルは学習元となったクリエイターの心を深く傷つける可能性も高く、同時にクリエイターの名誉や作品の価値を下げるおそれもあります。

個人の利用範囲であなたの作品を保存したい方もいるかもしれませんが、中にはそれ以外の目的で作品を保存しようとする人もいます。今この本を読んでくれているすべての人が画像生成AIに対して私と同じ意見であると決めつける意図はありませんが、そのような**保存を防ぐことができる機能**がXfolioには備わっています。

ボタンひとつで簡単に作品を守る機能を利用できることも、今の時代、個人的にクリエイターさんにXfolioをおすすめしたいポイントです。

こまめに更新するのがおすすめ

こちらも個人サイトと同じように負担のないペースで更新するのがいいと思うのですが、個人サイトと違う点として**こまめに更新したほうが人に見てもらいやすい**というメリットがあります。

こまめに更新することでイラスト投稿サイトによくある**新着作品のコーナーなどに作品が載る回数が増えます**。一気に数枚更新して1度だけ新着に載るよりは、こまめに更新してそのたびに新着に載るほうがより多くの人に見てもらいやすくなると思います。

イラストを投稿する際は作品のタイトルやキャプション、その他設定を入力する必要があるため少し手間がかかりますが、そのようなイラスト投稿サイトの特徴をうまく利用するとお仕事に繋がる機会が増えるかもしれません。

興味のある方はぜひXfolioの利用も検討してみてくださいね。

おすすめ③ X

次にX(旧Twitter)です。

Xもきちんと運用すればポートフォリオ代わりになります。**Xにはメディア欄というものがあり、そこを表示すると画像や動画がついた投稿だけがリストアップされる**からです。

しかし、Xをポートフォリオ代わりにするためには、**イラスト以外のメディア投稿を極力避ける**必要があります。なぜならイラストを見たい人=自分に依頼を考えてくれている人がイラスト作品を見るためにメディア欄を見た際に、イラスト以外の投稿は邪魔になってしまうためです。

実際に私もタイムラインにとても魅力的なイラストが流れてきて、その人のメディア欄を見に行くことがあるのですが、そのときにイラスト以外の投稿が多いとなかなか過去のイラストまで辿り着けずに見るのをやめてしまいます。

そのためXをポートフォリオとして使用したい場合はメディア欄の整理に気を遣うことが

Xならではのメリットも

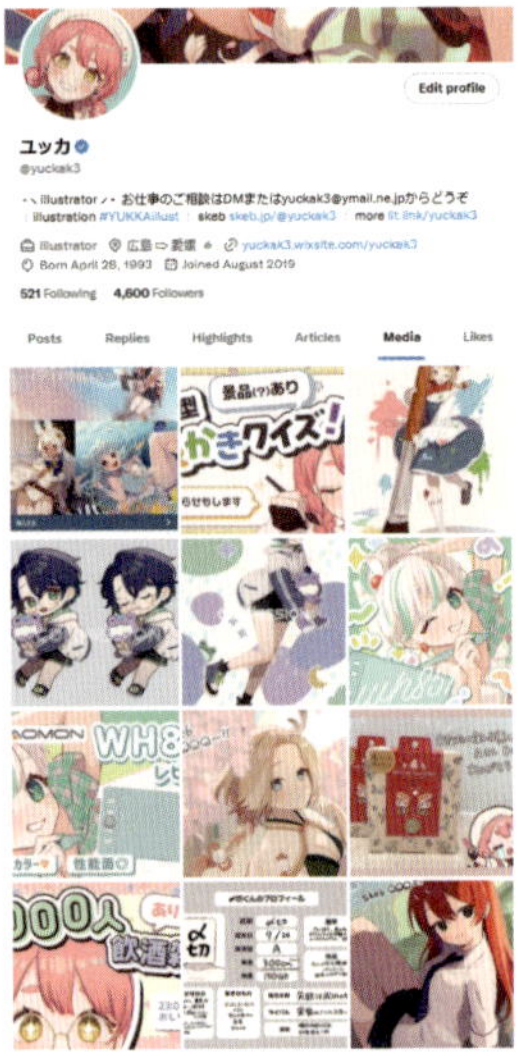

ユッカのメディア欄

配信のサムネイルなどイラスト以外のものもちょこちょこ…

私の場合は

自分用のコミュニティを作り日常の写真等はそこにアップ

という方法でメディア欄を整理しています！

Xの「コミュニティ」内にポストした画像をリポストする、
という方法をとると自分のメディア欄に画像が表示されません！

必要となります。

また、サイトをつくるよりも簡単にアカウントの作成・削除ができてしまうXしかポートフォリオや連絡先がないと、クライアントさんからすると少々心許ないかもしれません。個人的には**個人サイトやイラスト投稿サイトで作成したポートフォリオがあって、補助的にXでも作品が見られる**……という状態が好ましいと考えています。

ただ、Xをポートフォリオ代わりにするメリットもあります。それは**イラストの評価がクライアント側から見える**という点です。

イラストを投稿すると「いいね」をしてもらうことがありますよね。イラスト投稿サイトと同じように何回「いいね」されたかの数字が見れるので、クリエイターを探しているクライアントさん側からすると「そのイラストがどれだけ人気であるか」を数字である程度知ることができます。

もし**投稿した作品にたくさんのいいねがついたら、それだけ人気のある作品が描ける人だと認識してもらいやすくなります**。また作品が拡散されることで営業にもなり、ご依頼の相談に繋がることもたくさんあります。

メインのポートフォリオ
メインはここを見て欲しいけど…
X
他SNS
ここでもイラストが見れるよ〜
ポートフォリオとしてならXは補助的に使うのがおすすめ！

ちなみに、もしいいねが少ない投稿があったら？ クライアントさんに見られたときにデメリットになるのでしょうか。

私はあまりそうは思いません。どうしてもＳＮＳの仕様上たくさんの人に見られなかった作品もあると思いますし、フォロワーさんが少ない状態であればなおさら見てもらえる回数自体が少なくなってしまいます。イラストがすごく魅力的なのに、いいねやフォロワーさんの数が少ないという方もたくさんいます。

また、**数字に捕らわれすぎてしんどい気持ちになってほしくない**という私の個人的な思いもあります。

Ｘで数字が見れることに関しては「**いいねが少なくても特にデメリットはないけど、いいねが多くついたものがあればいいアピール材料になる**」という考え方でいいかなと思います。

ポートフォリオとしての機能だけを考えるとＸは補助的に使いたいところですが、このよう

8:30 PM · Mar 6, 2022
View post engagements
19K
6:10 PM · Jun 21, 2023 · 156.5K Views
View post engagements
4.8K
嬉しい！
実際、イラストをたくさん
見てもらえたあとは
お仕事を頂きやすいです！

なメリットもありますのでうまく活用しましょう。

ポートフォリオに記載すべきこと

依頼用の連絡先と注意事項をまとめる

ポートフォリオサイトはイラストを置くだけでいいのかな？　と疑問に感じた方もいるかもしれませんね。

イラストをサイトに置いているページ以外の部分にも軽く触れておこうと思います。

まず、私のポートフォリオサイトには「GALLERY」というページがあります。**作品が置いてあるポートフォリオページ**であり、サイトを訪問したときに最初に表示されるトップページでもあります。

次に「ABOUT」というタイトルのページがあり、ここに自分のプロフィールを書いています。

ユッカのポートフォリオサイト、ABOUTページ

最後に「CONTACT」というページがあり、サイト上から直接私に連絡していただけるようにしています。

ABOUTページはこんな感じです。

簡単ではありますが**自分のプロフィール**を書いています。見積書などに屋号である「ameri」の名前が出てくるのでこちらも一応記載しています。

またスキル欄にて**自分が制作できるもの**を記載。ポートフォリオに**自分の活動場所**を記載しているイラストレーターさんは

ユッカのポートフォリオサイト、CONTACTページ

あまりいない印象ですが、私の場合は配信をしていること、第2の連絡ルートとして利用できるかなど思い記載しています。

私はできるだけシンプルにしたかったのでこれらしか記載していませんが、他にも**「実績」「どんな絵が描けるのかの説明（かわいい、かっこいいなど）」「自分の詳しいプロフィール」**なども記載してもいいと思います。

次にCONTACTページはこんな感じ。

こちらもあまりごちゃごちゃさせたくないという理由から**「名前」「メールアドレス」「題名」「本文」**の4つの項目のみで構成しています。

もし他にも項目をつくるのであれば**「予算」「制作するもの（イラスト？ Vtuberモデル？ など）」**などをつくってもいいかもしれません。

私が利用しているWIXの場合、ここからご連絡いただくとサイト管理ページおよび登録メールアドレスに通知が来てメッセージを確認できるようになっています。

最後に、私は特に記載していませんが注意事項などある場合は記載しておいてあげるとお取引がスムーズかなと思います！ 例えば次のようなことです。

◆**スケジュールについて**　すでに埋まっている期間があればそれを記載
◆**連絡について**　返事に時間がかかってしまう場合はその旨を記載
◆**イラストの場合**　リテイク回数は何回まで無料なのか
◆**Vtuberモデルの場合**　どこまで制作できるのか
（イラストのみ制作可能なのか、またはモデリングまでできるのか……など）

イラストの場合は困ったり、説明に時間がかかるということはあまりないのですが、

Vtuberモデルに関してはどこまでが料金内なのか？ 権利面については？ などクライアントさんもクリエイター側も確認したい事柄が多いため、私の場合は**サイト外に専用の説明ページ**をつくっています。

もしくは次の項でご紹介するlit.linkなどのサービスにまとめておくのもおすすめです！

書いておけばやり取りがスムーズになりそうなこと、よくある質問などをどこかに記載しておくとクライアントさんも安心、自分も説明の手間が省けていいかもしれません。

私も誰かに作業を依頼するということがたまにあり、確かに個人サイトやlit.linkなどに**依頼用の窓口や依頼を相談する際の注意事項や詳細を書いていてくれる方には依頼の相談がしやすい**と感じます。

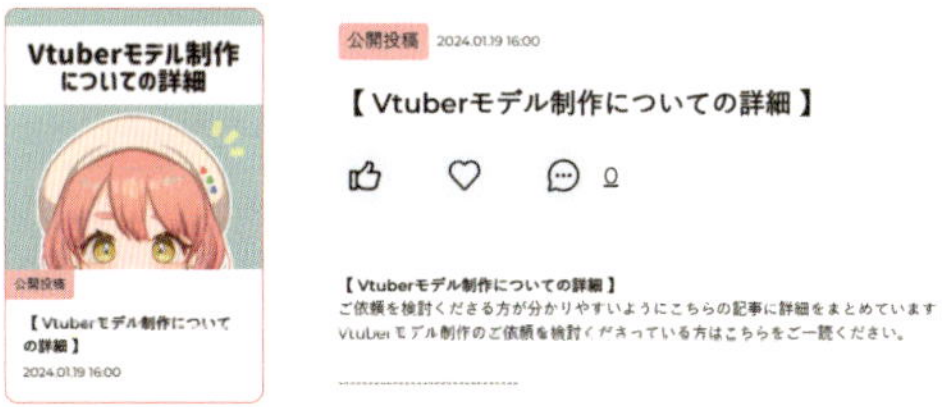
Vtuberモデル制作についての詳細
公開投稿
【Vtuberモデル制作についての詳細】
2024.01.19 16:00
公開投稿 2024.01.19 16:00
【Vtuberモデル制作についての詳細】
【Vtuberモデル制作についての詳細】
ご依頼を検討くださる方が分かりやすいようにこちらの記事に詳細をまとめています！
Vtuberモデル制作のご依頼を検討くださっている方はこちらをご一読ください。

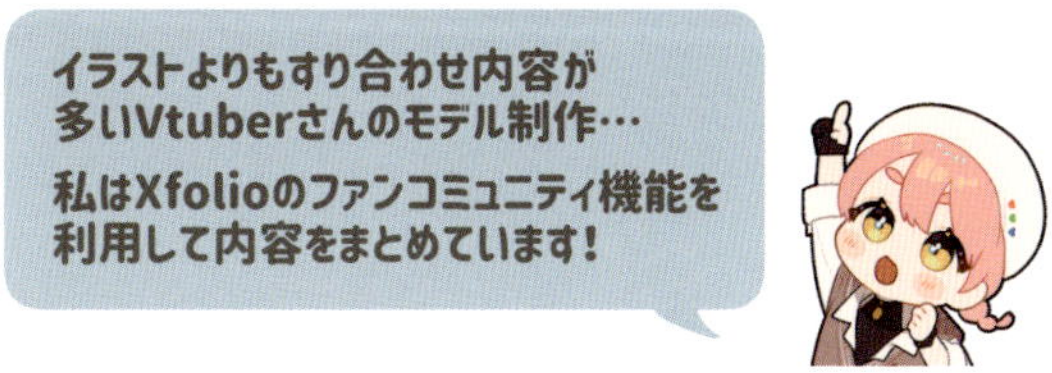
イラストよりもすり合わせ内容が多いVtuberさんのモデル制作…
私はXfolioのファンコミュニティ機能を利用して内容をまとめています！

お仕事がなかなか来ない！　という方ほど、ポートフォリオを持っておくこと、連絡先や注意事項をわかりやすく提示しておくことが効果的かもしれません。

ちなみに、知り合いのイラストレーターさんは「**仕事をする上で大事にしていること**」などもポートフォリオサイトに記載していました。

やはり誠意ある人に依頼したいと思う方も多いと思うので、自分の仕事に対する気持ちを書いておくのもとてもいいと思います！

複数のポートフォリオをつなげるサービス

イラストレーターさんやイラストレーターを目指している方の中にはXもイラスト投稿サイトもコミッションサイトもポートフォリオサイトもやっている、という方も多いかもしれません。例えば私のような！

そんなたくさんのサービスを利用している方へは**lit.link（リットリンク）**や**POTOFU（ポトフ）**などのサービスを同時に利用してみることもおすすめします。lit.

linkやPOTOFUは**いろんなサイトのリンクを1つのページにまとめることができるサービス**です。

私は現在lit.linkを使用しているのでそちらを例に上げてみます。

私のlit.linkページです[4]。
かわいくデザインできてお気に入りです！

4 このlit.linkページへはこちらから！
https://lit.link/yuckak3

私の場合はイラストレーターとしての活動に加えて配信活動に関わることもこちらでまとめているので、本当にいろんなリンクをここに貼っています！

ｌｉｔ．ｌｉｎｋではこのように**リンクに画像を使用できる**ため、イラストレーターさんには特におすすめ！さらにリンクではなく文章も書けるため、**ご依頼時の注意事項、必要であれば料金表などをここにまとめることも可能**です。

ＰＯＴＯＦＵも似たようなサービスなのですが、個人的にｌｉｔ．ｌｉｎｋのほうが自由度が高いと感じているためこちらを利用しています。

私の場合は、まず1番見てほしい「Ｘ」「ＹｏｕＴｕｂｅ」「ポートフォリオサイト」へのリンクをでかでかと貼りました。

その下に続く「ＢＯＯＴＨ」「ｓｋｅｂ」などへのリンクは上のボタンを目立たせたいのでできる限りシンプルなアイコンに。逆に全部イラストを使用してもかわいいですね！

さらに下に行くと自分のプロフィール、また二次創作についてなど文章での説明をここに記載しています。

これはlit.linkの編集画面で「テキストリンク」を使用すると入力することができます。文章のみで使用してもいいですし、テキストリンクの名の通り文章内にリンクを貼ることもできる便利機能です。

プロフィールはポートフォリオサイトにも記載していますが、ここではプロフィールに加え二次創作についてや配信活動についてなども記載しているので、依頼を検討してくれている方にポートフォリオどこ？なんて聞かれたり、配信活動に関してリスナーさんに質問いただいたときも「**とりあえずlit.link見て！**」と言えるようなページになっています。

Xでイラスト投稿などの活動をしているイラストレーターさんは多いと思います。Xにイラ

スト投稿サイト、ポートフォリオサイト、コミッションサイト、skeb……などすべてのリンクを貼るのってちょっと大変ですよね。

そんなときに**いろんなリンクを1つにまとめられる点に加え、誰かにお仕事や活動について聞かれた際にサッと出せるURLがある、**というのもとても便利な点だと感じます。

リンクが増えてきた、注意事項などまとめる場所が欲しい！という方はぜひlit.linkのようなサービスも利用してみてくださいね！

勉強しながらポートフォリオ作品を増やそう！

ポートフォリオに載せられる作品の数が少ない場合もあると思います。そんなときは、Chapter3でご紹介した勉強を実践しながら作品づくりをしましょう。勉強にもなって作品もつくれる、一石二鳥です！

……と、口では簡単に言えるのですが、実際にポートフォリオ用などのような**お仕事ではないイラストを描くのって実はすごく大変**です。

お仕事であれば金銭が発生したり〆切があることで自然と手が動く、または動かさなければいけない状況になるため何枚でもスムーズにイラストを描き上げることができます。

しかしフリーランスでイラストレーターになりたい、という方は特にポートフォリオ用のイラストは**趣味で描く感覚**に近いのではないでしょうか。「特に〆切はないけどポートフォリオ用にイラスト描かなきゃ」という方も多いと思います。

このパターンはどうしてもサボっちゃうんですよね！　現在のお仕事が忙しくて描けない、今日は疲れちゃったから描けない、ちょっと気分がのらないなど……。

ポートフォリオに載せるとなると枚数もある程度欲しいところ。日々あまり時間がとれない中イラストを描き続けるのは本当に大変なことです。

でも手を動かさなければイラストが完成しないのも事実。

そこで！　私が実践した〝イラストを量産する方法〟をご紹介します。

四の五の言わずイベントに申し込め！

体育会系なやり方ですが、イラストを描くのも体力がいるのであながち間違いではないかもしれません。

そう！ **まずはイベントに申し込みしましょう！そしてイラスト本を出しましょう！** 私も勉強をはじめてからの2年間で3冊つくりました。

人間、〆切があると動けます（ただしあまり無理はしないように）。

私の場合は過去作は使わずすべて描き下ろしで本をつくったので、キャラクターイラストを全部で30枚ほどは描いたと思います。オリジナル作品なので権利面を気にすることなく**すべてポートフォリオにできましたし、なによりイラストも上達し、絵柄も安定し、描くスピードも上がりました。** メリットづくしです！

ちなみになぜ絵柄が安定するのかというと、〆切がある＝急いで集中して描くことが多く、余計なことを考えすぎずに描くことで自然と自分の癖が絵に反映されます。**その癖こそが自分**

の絵柄であるため、急ぎ足で絵を描き続けていると自分の絵柄（癖）が出てくる……ということです。

では実際にイベントに申し込みをするにはどうするか？

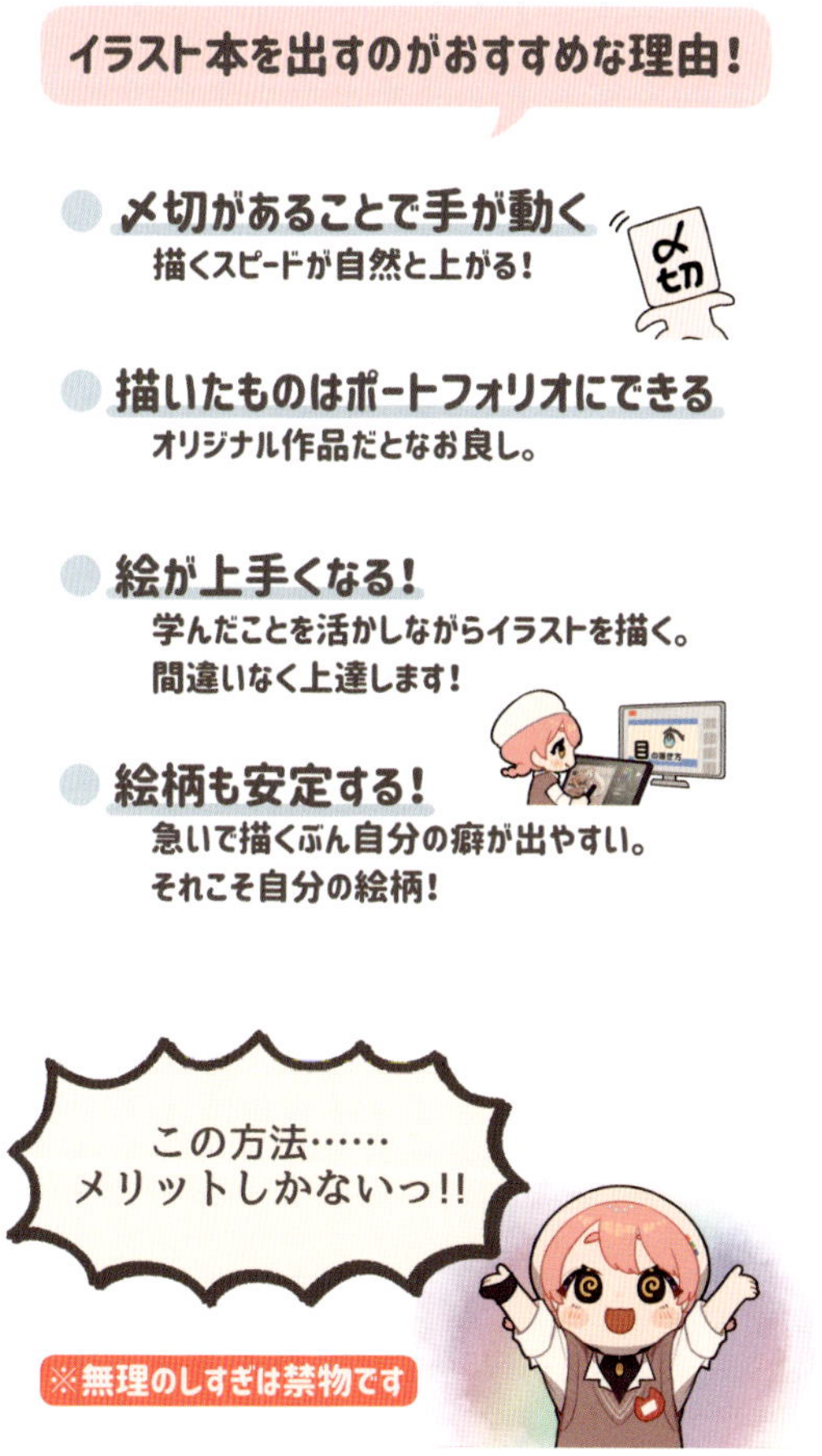
イラスト本を出すのがおすすめな理由！
〆切があることで手が動く
描くスピードが自然と上がる！
〆切
描いたものはポートフォリオにできる
オリジナル作品だとなお良し。
絵が上手くなる！
学んだことを活かしながらイラストを描く。
間違いなく上達します！
絵柄も安定する！
急いで描くぶん自分の癖が出やすい。
それこそ自分の絵柄！
この方法……
メリットしかないっ!!
※無理のしすぎは禁物です

地方だから難しい、外出が自由にできないから難しい……。

心配ご無用です!!!

私も地方住みなのでコミケなどのようなリアル即売会にはなかなか行けませんでした。

そんな方のために最近は**Webで開催できる即売会**がたくさん存在します。すべてWeb上で行うサービスでありながら割とリアルなイベントの空気が吸えるのでどれもおすすめです。一部ではありますがWeb即売会サービスをご紹介します。

このようなオンラインイベントではイラスト本などの実物を手渡しで売ることはできませんが、**自家通販サイトやオンラインの書店委託ページなどを商品ページにリンクさせておくことで、来場者さんが商品を購入できる**ようになっています。

また、**「展示のみ」の参加がOK**であることも多く、例えば頒布するものはないけどただただ作品を見てほしいから参加する、という参加方法が可能なイベントもあります。

コロナ禍を通してさまざまなWebイベントが誕生していますので、地方に住んでいる方や

いろいろある！ web即売会サービス

pictSQUARE

ゲームのような感覚・操作感で楽しめるweb即売会サービス。既存または自分のオリジナルアバターを使用して会場を歩き回ることが出来ます。

イラストを配置するなど、自分のサークルの見た目も自由に設定できます！

OperationVR: EXHIBITION

pictSQUAREは平面の会場で行われますが、こちらは3D！ 立体ならではの作品展示などを楽しむことが出来ます。

テーブルクロスにイラストを配置することも可。リアルと同じですね！

上記の画像2つは私が実際に使用したものです！

他にも「ピクリエ」「NEOKET」などの
即売会サービスがあります！

有償頒布は考えていないけど……という方もぜひ気軽に体験してほしいなと思います。

紙でも電子でも！同人誌をつくってみよう

同人誌をつくれ！

と言われるとちょっとハードルが高いと感じる方もいるかもしれませんね。なにせ同人誌をつくるには印刷費がかかります。

しかし紙にこだわる必要はなく、印刷費ゼロで同人誌を出すことも可能です。

そんな方法もある中で私は紙に印刷された本が好き！という理由で印刷をしました。まずは印刷所を使用して同人誌を出す方法についてご紹介します。

紙の同人誌のつくり方

まず最初にどの印刷所を使用するか決めておきます。

理由としては**印刷所ごとにテンプレートが用意されていて、基本的にはそのテンプレートに合わせて原稿を制作しなければならない**ためです。制作後に印刷所を決めることもできますが、最悪の場合原稿を作成し直すことも考えられるので、慣れていない場合は特に印刷所は最初に決めておきましょう。

本を作るときの流れ

1 印刷所を決める

利用したい印刷所が指定するテンプレートに原稿を描く必要があります。また〆切も印刷所ごとに違うので注意しましょう！

↓

2 原稿（本の内容）を描く！

描く…っ！ ひたすら描く！
内容もデザインも自由なので自分の表現したいものを全面に出しましょう！

↓

3 印刷所に入稿する

原稿ができたら入稿！ 入稿後に修正が必要になることも多いので、なるべく余裕を持って入稿できたらはなまるです

流れはだいたい3ステップ！ ただしひとつひとつの工程が結構大変だったり、入稿時はトラブルが発生しやすいので余裕を持ったスケジュールを立てましょう！

印刷所を決めたらその印刷所のテンプレートを使用して原稿を制作します。

同人誌は自由です！　ページ内のレイアウトなども基本的にすべて自分でデザインします。**原稿を制作するにあたっての注意点やルール**などは印刷所側でまとめてくれていることが多いので、そちらも必ずチェックするようにしましょう。


原稿ができたら印刷所の指示通りの方法で入稿します。ｚｉｐファイルにすべて圧縮してアップロードするパターンもあれば、直接サイト上にデータをアップロードできる印刷所もあります。

入稿後に修正指示が来れば修正をし、印刷費を入金、注文完了です！


私の場合、本のサイズはＡ４前後にすることが多かったです。もっと小さいサイズも選べますが、イラストがメインであれば最低Ａ５くらい、大きく見やすくなるという理由から、個人的には**Ｂ５やＡ４くらいのサイズがおすすめ**です。

また対応している印刷所は限られてしまうものの、私は正方形の本が好きでよく使用します。他にも、本は縦長のかたちが一般的ですが横長の本や丸い形の本をつくれる印刷所などもあります。ご自身のイラストや本のテーマにあったかたちを選ぶのもおもしろいですよ！

ページ数は20ページ前後にすることが多いですが、これより少なくてもOKです。ページ数が多いほど制作は大変になるので、**最初はページ数を少なめにしておくのが無難**かもしれません。ただし基本的に奇数ページでは製本できないこと、綴じ方によっては4ページ刻みでしか指定できないことにご注意ください。

サイズやページ数を決める際は、**印刷所の注文ページで一度シミュレーションをしてみる**のがおすすめです。サイズ、ページ数、紙の種類、その他オプションを選んで見積もりを出すところまでは会員登録などせず試せる場合がほとんどなので、試してみたい印刷所があれば一度サイト上で見積もりをしてみてください。

頒布価格は自由に設定してOKです。私の場合は印刷費に加えイラストを制作した労力や印

落書きをまとめた本を出したとき、CDジャケットサイズのイラスト本を出したこともあります。

中には縦横5～7cmしかない小さな本が印刷できるところも！

◀お気に入りはA4正方形！

おすすめ印刷所一覧

印刷所	対応ページ数	対応部数	費用感
おたクラブ	12ページ〜	10部〜	◎
コミグラ	20ページ〜	1部〜	◎
なないろ堂	20ページ〜	5部〜	○
プリントオン	12ページ〜	10部〜	○

デジタルオフセット、またはオンデマンド印刷の内容です。おたクラブ＆コミグラさんは冊子に限らずどれも印刷が綺麗でおすすめ！なないろ堂さんはどこよりも鮮やかな印刷が特徴。プリントオンさんは他にはない遊び心溢れる装丁が可能で、装丁にこだわりたい方はぜひ利用してほしい印刷所さんです。

刷後の管理を考え、900〜1，000円ほどにしました。

印刷費はお手頃な印刷所だとA4サイズ／20ページ、かつ50部刷る前提で20，000円に収まる程度で、1冊の単価は300〜400円ほどです。印刷に使用する紙の種類によって価格が変動する場合もあります。

1点注意事項として、**二次創作で本をつくりたい場合は版権元のガイドラインをよく確認する**ようにしましょう。

二次創作物で対価を得る場合のルールとして「印刷費を回収する程度であればＯＫ」などの基準がある場合があります。

電子版の同人誌のつくり方

次に電子版の同人誌のつくり方です。ダウンロード版と呼ばれることもあります。

今は誰でも電子版の同人誌を出すことができます。

電子版の場合、紙の同人誌よりさらに自由度が高くなり、自家通販サイトであれば**イラスト1枚からでも販売は可能**です。

よく見るのは「**本として印刷するためにつくったデータをそのまま使用して電子版も同時に発行する**」という**パターン**です。今回はたくさんのイラストを描く方法として同人誌の制作をおすすめしているので、私としても印刷前提のときと同じくらいのボリューム感にすることをおすすめします！

本の場合はサイズに規格があったりページ数を決めるにも偶数でなければいけないなどの

電子版の大きな強みのひとつは「印刷費がかからないこと」。
最初から電子版のみで出すのも手です！

ルールがありましたが、電子版はそれらも自由！　印刷費がかからず**制作のためのコストが少ないこと、在庫を家または書店に置いておく必要がないのもメリット**です。

他には印刷をするときと比べるとファイル形式もかなり自由が利き、PNG、JPEG、PSD……などイラストを描かれる方には馴染みのあるファイル形式が使用できることが多いです。

販売をしたいサイトによっては提出用データの形式に指定がある場合があります。とある販売サイトでは「なるべくJPEGで、PDFやPSDでも登録は可能」という表記がありました。逆に「すでに印刷してある同人誌を書店側でデジタルデータ化できます！」という手厚いサポートが受けられる販売サイトもあるようです。

自家通販サイトでも普段イラストを制作するときに使うようなファイル形式はほとんど使用可能であるという認識で大丈夫そうです。

ハードルが高そう、お金がないから難しい……と考えている方も、今はいろんなサービスが出ているのでやってみると意外に簡単かもしれません。

イラストをたくさん描くいい機会になること間違いなしなので、少しでも興味があればぜひチャレンジしてみてください。**絵を描くスピードも上がり、絵も上手くなる！　そしてイベントを通じて作品を知ってもらう**……たくさんいいことがあるはずですよ！

電子版（ダウンロード販売）で販売できるファイル形式の一例
イラスト系
psd / ai / jpg(jpeg)
png / pdf
動画・音声系
mp3 / mp4 / gif
wav / mov / avi
3D系
vroid / vrm / blend
基本的に「zip」ファイルはどのサービスも販売可！
なので対応ファイル形式はあまり気にしなくてOK◎

私は「miao」「糖撃！」「BUKA」の3冊を制作しました[5]。
お気に入りのものは今でもポートフォリオの一部にしています！

5 ユッカのBOOTHはこちら
https://tidur.booth.pm/

Column

記憶に残るオリジナルキャラクターは強い！

クライアントさんからお仕事の相談をしていただく際、「ユッカさんのこのオリジナルキャラクターの衣装が好き！　こんなお洋服で描いてほしいです！」というようなご注文をしていただけることがとても多いです。またご依頼に繋がらなくとも、オリジナルキャラクターのイラストを見てくれた方から「キャラクターデザインに一目惚れした！」なんて言っていただけることもありました。

キャラクターデザインのスキルを売りにしたい私にとってはすごくすごくうれしい言葉で自信にも繋がりました。

オリジナルキャラクター作品はもちろんクライアントさんがご依頼をくださる際の参考資料になりますし、**相手の印象に残りやすい効果もとても大きい**と感じます。相手の印象に残ることができれば、クライアントさんが何かイラストを依頼したいと思ったときに**自分のことを思い出してくれるかもしれません。**

ユッカ @yuckak3
BerryS
05
この人の◯枚目のキャラクター、
描いてほしいイメージに近いかも！

お仕事をしたい業界、ターゲットにしたい層に
届けるつもりでイラストのテーマを決めるのも手ですね

またこのことは、キャラクターデザインだけでなく絵柄などにも言えると思います。キャラクターデザインはしないという方でも、**誰かに作品を褒めてもらえたポイントは自分の強みとして**覚えておき、今後の制作に活かせるとより相手の印象に残る作品づくりに繋がるのかなと思います。

Chapter 5

イラストレーターへの道

2年目

❶ お仕事の実績をつくる!

フォロワー数「0人」でも大丈夫！

「絵の仕事がしたいならSNSのフォロワー数を稼げ！」

……という話、この本を手に取ってくださった方なら聞いたことがあるのではないでしょうか。

これもとても大事なことではあるのですが、フォロワーさんを増やしてお仕事が来るのを待つ……というやり方ができるようになるには、ある程度時間がかかります。

フォロワーを増やす方法としてよく聞くのは、1週間に1回など短めのスパンでイラストをSNSにアップし続ける、見た人が共感できる内容などいいねやリポストを誘う投稿をする、などです。イラストを見てもらいたい・イラストでフォロワーさんを増やしたい場合は、前者のやり方がメジャーなのかなと思います。

仮にこの方法でフォロワーさんをある程度増やそうと思うと、具体的にはすごく早くても1〜2ヵ月、長いと半年〜1年ほどイラストを定期的に上げ続ける必要が出てくると思います。

イラストを制作するのにかかる時間には個人差があるものの、かなり早くても3時間ほどはかかることが多いのではないでしょうか。

それらを踏まえると、学業のある人、お仕事をされている人がこれをやり遂げるのは簡単なことではありません……！

しかし**「とりあえず実績をつくりたい」「今すぐ絵のお仕事をやってみたい」という場合はSNSのフォロワーさんの数は「0人」でも実現可能**です。

なぜなら、絵のお仕事をいただける窓口はSNSだけではないからです。

ではそのSNS以外の窓口はどこなのか？ ひとつは**コミッションサイト**です。

コミッションサイトとは、**お仕事をしたい人とお仕事を依頼したい人が集まり、両者を仲介してくれるサービス**のことです。

単発ではできても「継続」がとても難しい…

コミッションサイトでは、運用しているＳＮＳが特にない＝フォロワーさんが０人の場合でも、**コミッションサイト内でのプロフィールやポートフォリオを充実させておけばお仕事を受けることができます。**

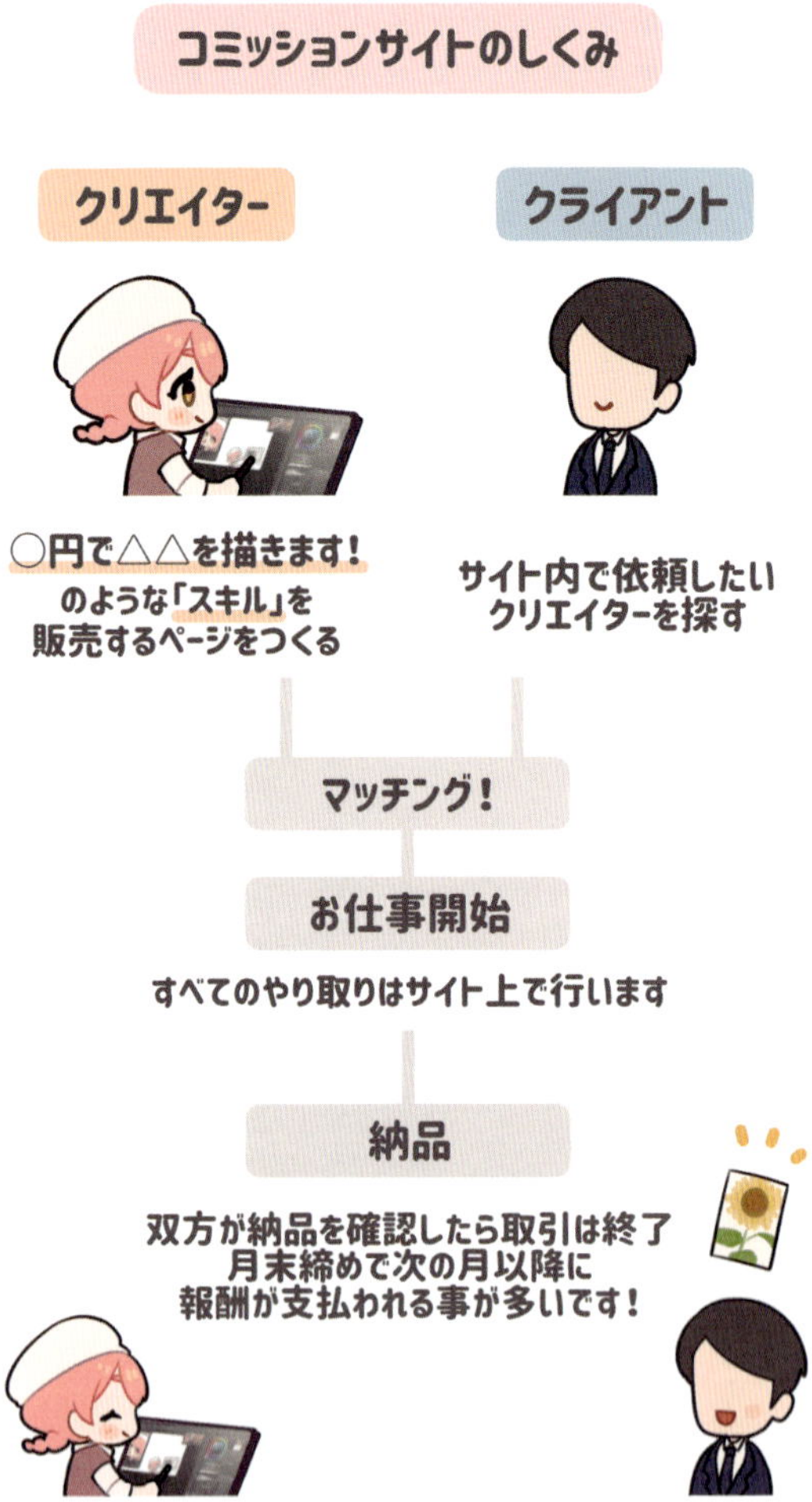
コミッションサイトのしくみ
クリエイター
クライアント
○円で△△を描きます！
のような「スキル」を
販売するページをつくる
サイト内で依頼したい
クリエイターを探す
マッチング！
お仕事開始
すべてのやり取りはサイト上で行います
納品
双方が納品を確認したら取引は終了
月末締めで次の月以降に
報酬が支払われる事が多いです！

身近なものに例えるとフリマアプリにも近いでしょうか。
出品するものがクリエイターのスキルになるだけで、
おおまかな流れは同じです

当時、Xのフォロワーも友達だけの30人くらいで、イラストのお仕事経験も少なかった私はコミッションサイトでお仕事の実績を積むことに決めました。

今はコミッションサイトもたくさんありますが、私が利用したのは「SKIMA」というサービスです。そんなわけで私はまずコミッションサイト「SKIMA」にて活動を開始し、そこでご依頼を受け実績を積みました。

ここではコミッションサイトの使い方、営業方法をご紹介していきます！

コミッションサイト（SKIMA）での営業方法

まずはコミッションサイト、「SKIMA」での営業方法をご紹介します。

実はSKIMA自体には2017年に登録しており、3件だけ依頼を受けたことがありました。

この頃はイラストをお仕事にすることを考えていなくて、イラストを誰かの依頼で描くことにただただ興味がある、なんだかかっこいい……そんな軽い気持ちで利用していました。

この最初の3件は営業は特にしなくても商品を登録しただけでいただけたご依頼でした。おそらくですが、まだ登録していたクリエイターが今ほど多くなかった、または登録したばかりだったのでトップページの新着欄に載っていたことから依頼をいただけたのかなと思います。

その3件の取引が終わってからはご依頼の相談が来ることはなく、次にSKIMAにログインしたのはイラストレーターになりたい！と思ってからの2019年頃でした。

現在クリエイターの数は多くなり、登録しただけではご依頼が来なくなってきています。もしかしたらこれを読んでくださっている方の中にも、どうやったら依頼が来るんだろう？と思われている方もいるかもしれません。**私もSKIMAに復帰したあと商品を再登録するなどしてみたものの、それだけでは思うように依頼は来ませんでした。**

次の項から、私がSKIMAにてコンスタントにご依頼をいただけるようになるまでにやったことを具体的にご紹介していきます。

プロフィールを整える

ＳＫＩＭＡさんでお仕事をしていくにあたり、「プロフィール欄」ってどんな役割を担ってくれると思いますか？

見つけたクリエイターさん、
絵柄は好みだけど…
ちゃんと納品まで
制作してくれるだろうか？

「納期を守って最後まで制作してくれるかどうか」は
企業案件だとさらに重要視されていると感じます

自分を紹介する役割……でも正解なのですが、私は**「信頼を得るためのツール」**としての役割を担ってくれると思っています！

コミッションサイトを利用するしないに関わらず、クライアントさんは見ず知らずのクリエイターにお金を払う事に不安を感じる人も多いと思います。

クライアントさんが依頼したいクリエイターを探すとき、絵柄の好みや予算重視で探しはじめる人が多いとは思うのですが、**同時に「このクリエイターは信頼できるのか？ ちゃんと最後まで依頼をこなしてくれる人だろうか？」**という点も見ています。

では「信頼できるクリエイターかどうか」はどこで判断されるのか。ひとつはプロフィール欄です。

自分がクライアント側だったとして、「初期設定である〝よろしくお願いします。〟しか書いてないプロフィール」と「作業の流れ、何が得意なのか、返信にどれくらい時間がかかるのかなどが書いてあるプロフィール」の2つがあったとすると、おそらく後者のほうが「ちゃんと仕事をしてくれそう」と感じるのではないでしょうか。

プロフィール欄を見たクライアントさんに**「この人は納品まで対応してくれそう」と思ってもらえるだけでも、依頼をしたいクリエイターの候補に入りやすくなります。**

また、**普段から運用されているSNSアカウント**があればそれも信頼してもらえるひとつの要素になります。

SNSは必要ないって言ったじゃんか！と思われてしまうかもしれません。たしかにコミッションサイトでお仕事をするときはXなどのSNSのフォロワーさんの数は関係ない、もっと言えばSNSのアカウント自体なくてもお仕事はできますが、ちゃんと運用されているSNSアカウントがあるならばそれはそれで営業をするにあたり有利になります。

ちゃんと運用されている、というのは**普段からイラストなどの作品を発信しているなど、あまり長い期間を空けずに更新されていること**を指します。

コミッションサイト上では**「私、普段から活動してます感」**というのは出しづらいのですが、他SNSでの活動が確認できると普段から活動していることがわかりますので、クライアントさんにも「連絡がつきやすそう」と思ってもらいやすくなり、こちらもクライアントさんの不安を取り除けるひとつの要素になると思います。

このクリエイターさんは
SNSも運用しているな
いきなり連絡が取れなくなる
ことはなさそう…！

万が一のときの連絡先があるという意味でも
ひとつの安心要素になりますよね！

運用しているSNSがある場合はプロフィールにリンクを繋げておくのも手です。ただしSKIMA外での取引を促す行為は規約違反となりますので、SNSのURLを記載する場合は文面などにご注意ください！

ポートフォリオを整える

そして、プロフィール欄と並んで重視したいのがやはりポートフォリオです。SKIMA内では「ギャラリー」と呼ばれています。

コミッションサイトは独自のポートフォリオ機能を持っていることが多いので、別サイトにポートフォリオを持っていても、**コミッションサイト内にあるポートフォリオ機能を充実させておく**ことをおすすめします。

え？ プロフィール欄へ既存のポートフォリオのリンクを貼ればいいじゃない？ と思われるかもしれませんが、プロフィール欄のURLをコピー&ペーストして移動してからじゃないとポートフォリオが見られないという状態だと、めんどくさくて見てもらえない……というパターンが発生してしまいます。

後述しますがリクエスト機能を利用したクライアントさんの元へは数十件の提案が届くことも多く、たくさんのクリエイターをチェックしたいクライアントさんにとっては特にサイト内にポートフォリオがあったほうが効果的だと思います。

ポートフォリオをつくるときのコツとして、ＳＫＩＭＡだと複数のイラストを１つの投稿にまとめて登録することができますが、そうするのではなく、**「１枚ずつ」投稿する**のがおすすめです。

イラストをまとめてしまうと、**投稿をクリックしないと２枚目以降が見られない**仕様になっているからです。サムネイルになっているイラストで気になってもらえない限りクリックしてもらえない＝２枚目以降が見てもらえません。

１枚ずつの投稿にすることで、ポートフォリオページに飛んだ際によりたくさんの作品を見てもらうことができます。

また、ポートフォリオにはアップロードできる容量に上限があります。**作品の枚数は「40枚」まで、容量は「30ＭＢ」まで**です。

イラストを高画質のままアップロードするとすぐに上限に達してしまうので、イラストは**サイズを小さくしＪＰＥＧ形式で保存したものにする**などの工夫をするとたくさんアップロードすることができます。

少し手間がかかってしまいますが、依頼が欲しいのに来ない！という方はこちらを参考にやってみてください！

「それ、描けます!」と手を挙げるリクエスト機能

現在は本当にたくさんのクリエイターさんがＳＫＩＭＡに登録されており、待ちの姿勢ではなかなかお仕事に繋がらない……というパターンが多いです。

なのでお仕事がしたい方はぜひ**「リクエスト機能」**を活用いただきたいなと思います。

リクエスト機能とは、**クライアントさん側からクリエイターを募集する機能**です。

クライアントさんはあらかじめ依頼したいものの内容や条件、予算などを指定し、その内容で依頼できるクリエイターを募集（リクエスト）することができます。クリエイター側はリクエストへ応募（提案）することができ、その提案が採用されると正式に依頼を受けることができます。

リクエスト機能での提案方法

提案のやり方は簡単です。まずはSKIMAのリクエスト機能のページ内で受けたいリクエストを開きます。

するとそのリクエストの詳細が出てきますので内容を確認し、「提案する」ボタンを押しま

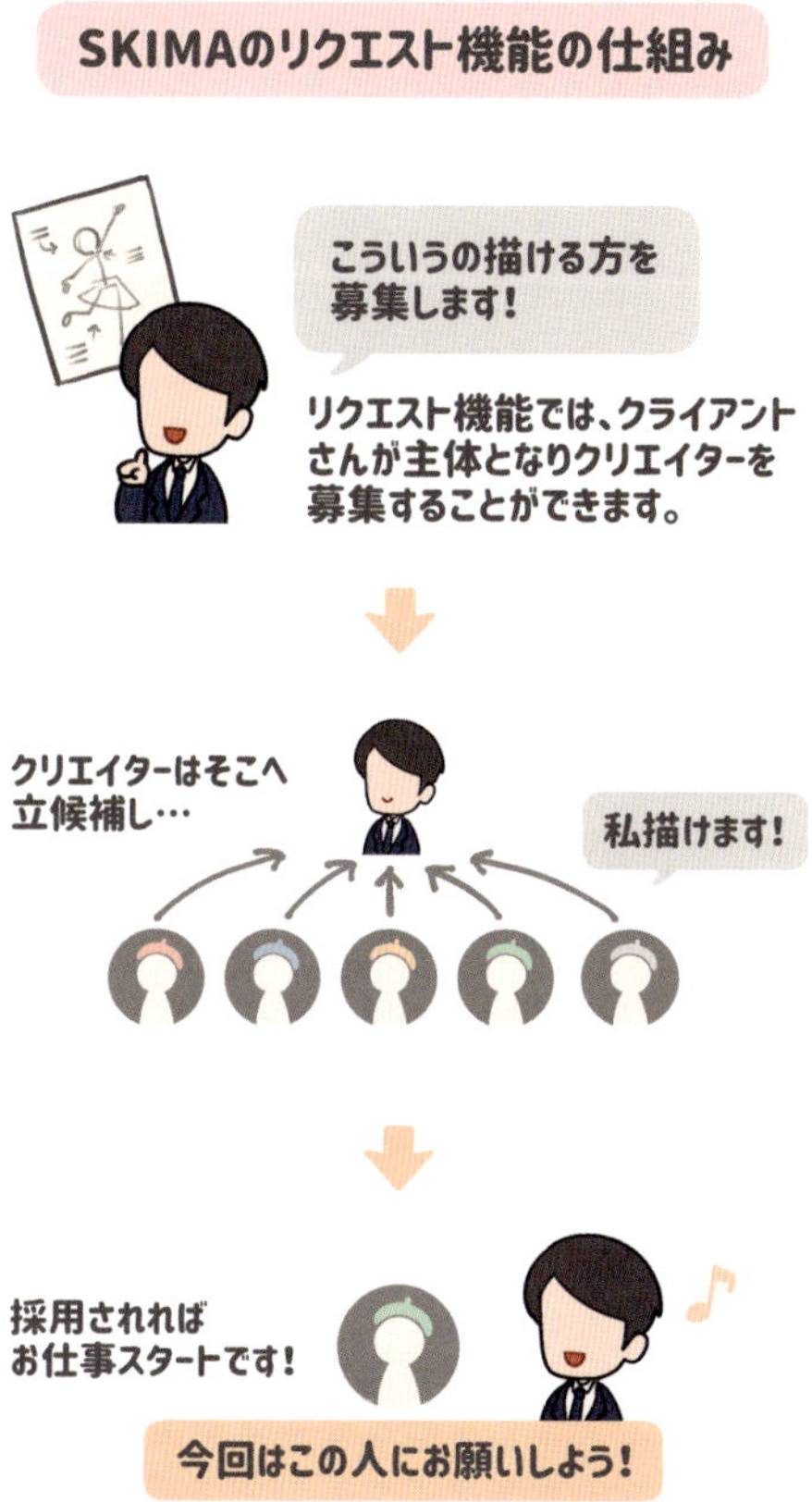
SKIMAのリクエスト機能の仕組み
こういうの描ける方を募集します!

リクエスト機能では、クライアントさんが主体となりクリエイターを募集することができます。

クリエイターはそこへ立候補し…

私描けます!

採用されればお仕事スタートです!

今回はこの人にお願いしよう!


「クリエイター側がスキルを販売する」イメージの強いコミッションサイトですが、SKIMA以外にもこのようにクライアントさんがクリエイターを募集する機能が備わっていることが多いです

す。

次のページで**「提案文」なるものを書き、「提案価格」「納品日数」を入力後、「提案する」ボタンを押して完了**です。

「提案文（提案内容）」はとても重要なので次項で説明します。
「提案価格」とは私は○円で描けますよ、というお値段の提案です。
「納品日数」とは私は○日で描けますよ、という日数の提案です。

どちらの項目も、クライアントさんがあらかじめ「○円〜○円の範囲で描いてほしい」「○日以内に描いてほしい」というだいたいの目安を定めています。**クリエイター側はクライアントさんが事前に定めている範囲で「提案価格」「納品日数」を提示しなければならない**ため、それよりも高い金額や長い日数は選ぶことができません。

金額が安すぎると感じたり、納期が短すぎたりと、**クライアントさんが提示している予算と希望納期が自分にとって無理のない内容かもしっかり確認**しておきましょう！

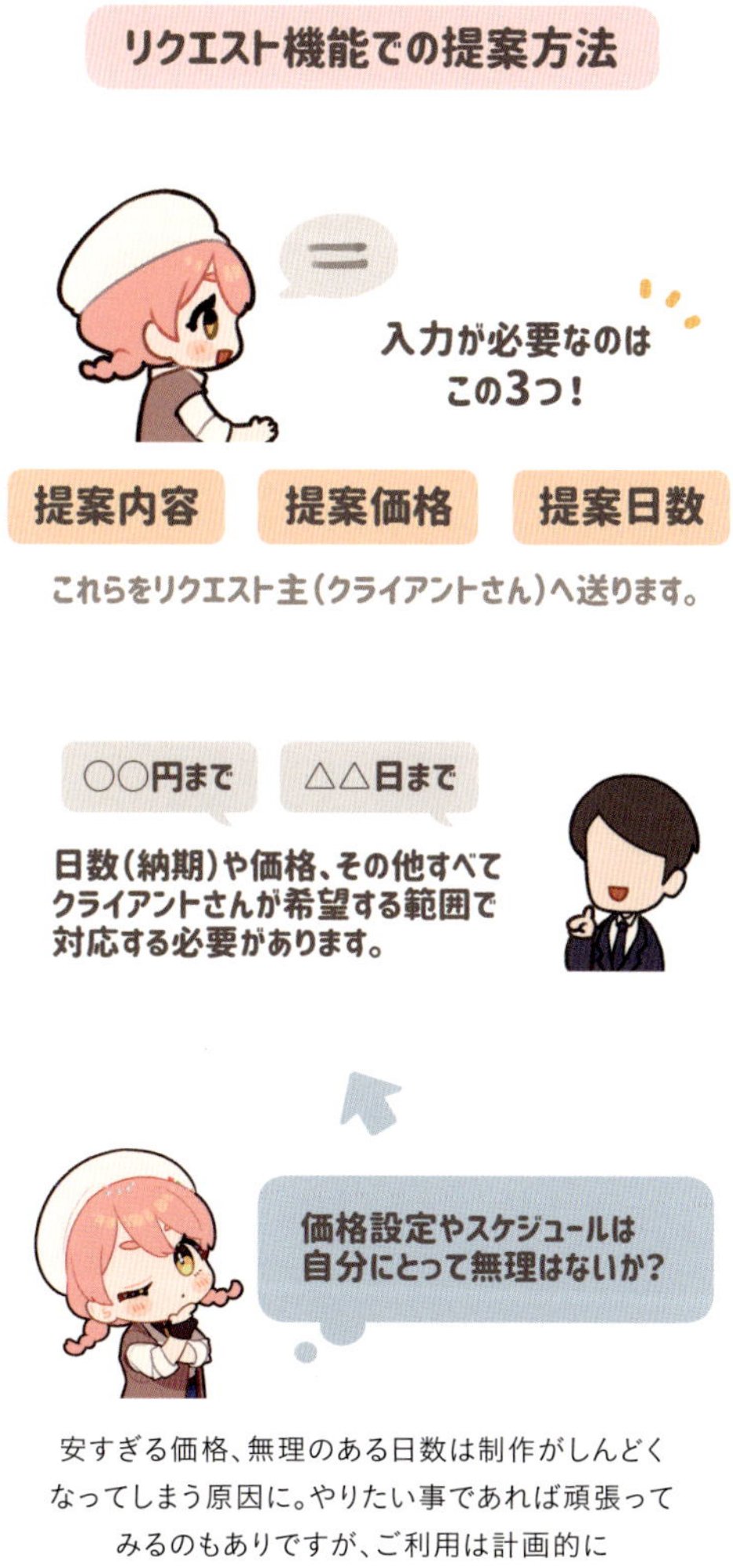
リクエスト機能での提案方法
入力が必要なのは
この3つ！
提案内容
提案価格
提案日数
これらをリクエスト主（クライアントさん）へ送ります。
〇〇円まで
△△日まで
日数（納期）や価格、その他すべて
クライアントさんが希望する範囲で
対応する必要があります。
価格設定やスケジュールは
自分にとって無理はないか？
安すぎる価格、無理のある日数は制作がしんどく
なってしまう原因に。やりたい事であれば頑張って
みるのもありですが、ご利用は計画的に

それでもお仕事が来ない!?

前の項を読んで、すでにＳＫＩＭＡを利用されている方の中には「リクエスト機能は使ってるけど結局採用されないんだよな」と思われた方もいるかもしれません。

私も初めてリクエスト機能を利用しお仕事を探しはじめたとき、それはそれは採用いただけませんでした。

リクエスト機能はお仕事をいただくためのとてもいいツールではあるのですが、競争率は高く、提案を送ったはいいものの採用まで辿り着けない……というパターンもとても多いです。

SKIMAのリクエスト機能においてまず重要なのは**「提案文」**です。

なぜ重要なのか、クライアントさんの立場になって考えてみるとわかりやすいかもしれません。

あなたがとあるリクエストに対して提案を送ったとします。そうするとリクエストを出したクライアントさんはあなたを知ることになるのですが、ここで最初に見るのは「提案文」です。

つまり**提案文で第一印象が決まります。**

また、リクエストを出したクライアントさんのもとにはたくさんの提案が送られてきます。対応できるクリエイターが少なく提案が少数のリクエストももちろんありますが、人気のリクエストは提案数が50件を超えることもよくあります。

たくさんのクリエイターが提案を送る中、
興味を持ってもらえなければ見てもらえない……

その量になるとリクエストを出したクライアントさんも全部しっかりチェックするのは大変！**提案文で興味を持ってもらえないとそもそもプロフィールやポートフォリオまで見られない、または流し見程度で終わってしまう可能性もある**と思います。

でも、できれば提案文、プロフィール、ポートフォリオなど全部しっかり見てほしい！

私は、**「じゃあその導線を提案文でつくろう！」**と考えて提案文を作成していました。

そもそもまだSKIMAを利用したことがない、または提案を送ったことがない方は提案文に何を書いていいのかわからないというパターンもあるかと思います。

次の項で私が実際にクライアントさんへ送っていた提案文をご紹介します。

リクエストへの提案文を見直そう！

左ページの文章が私が実際に使用し、採用もいただきはじめたときの提案文のテンプレートです。

赤枠部分には、提案を送るリクエストの内容に合わせて補足などを記入していました。

ぱっと見シンプルでそこまで凝った内容には感じられないかもしれませんが、私なりにいくつかこだわった点がありますのでご紹介したいと思います。

①自己アピールを序盤に書く

前の項で、人気のリクエストにはたくさんの提案が送られ、クライアントさんは全部のクリエイターをしっかりチェックするのも大変だ……という話をしました。

そこで自分のポートフォリオを絶対に見てほしい私は、**どんなイラストが得意なのか、という自己アピールを序盤に配置**しました。

●●様

初めまして！ユッカと申します。
リクエストを拝見し、私でご縁があればと思い提案させていただきます。

●簡単な自己紹介です
【かわいい、おしゃれ】な絵柄を主に得意としています。なかでも女の子を描くのが得意です。

▶ギャラリーにもイラストを更新していますので、参考にしていただけたらと思います。
▶ポートフォリオサイト
【https://x.com/yuckak3】
【https://www.pixiv.net/users/44916666】

もし私でお力添えできそうでしたらぜひご連絡いただけたらと思います。

質問のみなどのご連絡でもお気軽にメッセージくださいませ。
よろしくお願いします！

実際にたくさん採用頂きました！
その節はありがとうございます…！

「かわいい、おしゃれな絵柄を主に得意としている」というのを最初に書いていますが、クライアントさんの好みや求めるイラストのテイストに「かわいい」「おしゃれ」のどちらかのワードが入っていたら、絶対にポートフォリオは見てくれると思います。

クライアントさんがポートフォリオに辿り着くまで…

1

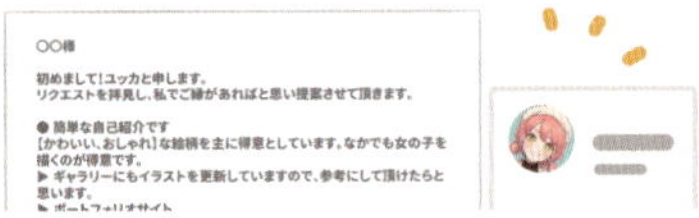

提案文のそばにあるクリエイターのアイコンをクリック

2

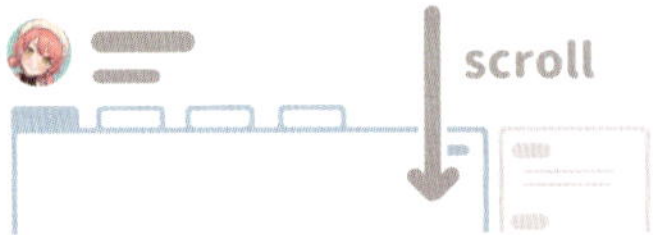

クリエイターのプロフィールページで下にスクロールし、ギャラリーへのリンクをクリック

3

ギャラリーページに到着！

ワンクリックでは飛べないポートフォリオページ。
クライアントさんをポートフォリオまで連れて行きましょう！

ポートフォリオまでちゃんと見てもらってそれでも不採用であれば、単純に絵の好みだったり、予算や納期の都合で他の方のほうがよかった……ということになりますが、それはそれ。まずは**とにかく〝ポートフォリオまでちゃんと見てもらう〟**。そのための導線づくりを提案文の序盤でしておきましょう。

②自信満々に書く

この文章から「不安げな空気」は感じないと思うのですが、これも意識しています。一度提案文から話が逸れますが、みなさんはプロフィールなどに「**駆け出しイラストレーター**」の肩書を書いていませんか？

書いている人は今すぐ取っ払っちゃいましょう！

私は最初「駆け出しイラストレーターです！」という一文をプロフィール欄に書いていました。

するとま**あ〜〜〜依頼が来ない！**

途中ではっとしてその一文をプロフィール欄から消したところ、不思議とご依頼が来るようになりました。

提案文においても同じです。それがすべての原因とまでは言いませんが、「駆け出し」「初心者」「不慣れですが」……という言葉は**クライアントさんに不安を与え、絵が好みでも依頼するのを躊躇してしまう要因に**なってしまいます。

それでもお仕事の実績がない、少ないから不安だよ！という方は〝制作中のメッセージでケア〟を。

具体的には、「**お気づきの点がありましたらお気軽にお申し付けください**」などの一言を取引の最初や納品時などの

誰にでもミスへの不安や、気を付けていても実際にミスをしてしまうことはあります
目の色が指定と違うのですが…

!!

失礼いたしました、修正します！

他のご依頼と混ざっちゃってたかも…

間違ってしまっても修正が効くのがこのお仕事のいいところ。ミスを恐れず自信満々でいきましょう！

メッセージに沿えましょう。

不安要素を感じる言葉で採用前から可能性を閉ざしてしまうより、勇気を出して自信満々な文章を送るようにしてみましょう。

取引中になにか失敗してしまっても、**誠意をもって最後まで対応すれば大丈夫**ですよ！

③とにかく相手に寄り添ってみて！

最後に、これは基本的な考え方です。クライアントさんが見やすいか、自分は依頼をお願いしてみたいと思える人なのか……**客観的に自分を分析してみてください。**

例えば、提案文の序盤（①）はクライアントさんにポートフォリオまでちゃんと見てほしい！という点を前面に出しましたが、そのあとに続いている他サイトへのURLは〝SKIMA外にまとめてある作品の見やすさ〟を意識しています。

優しい言葉遣いができているかな？
分かりやすく書けているかな？
この補足をしておけばクライアントさんも安心かも

プロフィール欄に飛んで初めてこのURLを発見するより、この提案文を見ただけでSKIMA外で作品をまとめている場所がわかるほうがクライアントさんはスムーズにそちらを確認できます。

5章の前半で書いたように、SKIMAにアップロードできる作品の容量には上限がありますので、**他サイトにも作品をまとめてある場合はぜひ提案文にもURLを貼りましょう。**

また、赤枠部分はリクエストの内容に合わせて補足を書いているという話をしました。具体例をいくつか挙げてみます。

✦リクエスト　Vtuberモデルのパーツ分けイラストを依頼したいです。もしモデリングまでしていただける場合はお値段を教えてください
↓補足　モデリングまでできるのか否か、またモデリングまで対応できる場合の料金を記載する

✦リクエスト　キャラクターのバストアップイラストをお願いします。表情差分もつけたいので表情差分1つに必要な追加料金を教えてください

↓**補足**　表情差分1つにかかる追加料金の説明を記載する

……という感じの補足を赤枠部分に書いています。場合によってはこの補足がかなり長文になることもよくあります。

丁寧に書いている分にはクライアントさんの安心材料になると思いますので、長文になっても気にせず送ってみましょう！

コミッションサイトでよかったこと、イマイチだったこと

ここまで、コミッションサイトを利用したお仕事獲得方法をご紹介しました。
最後に、コミッションサイトのメリットとデメリットを解説しておきます。

メリット

- 仲介業者が入ることで未払いなどのトラブルが発生しづらい
- クリエイターとクライアントさんが繋がりやすくなるツールがある

デメリット

- 手数料が発生する
- サイト登録者同士でしかマッチングできない

コミッションサイトでお仕事をするときは、クリエイターもクライアントさんも**コミッションサイトが決めたルールの中でお取引をする**ことになります。

例えば、作品を納品したのに相手が納品完了の処理をしない＝売り上げが振り込まれない……というようなトラブルがあっても、**コミッションサイトの運営にトラブルを相談することができます**。クライアントさん目線だと、クリエイターが納品しない限りお金だけ取られるということがないようなシステムが用意されていることが多いです。ネット上での取引に不安を感じる方には特におすすめできるポイントです。

　また、コミッションサイトの多くにはＳＫＩＭＡでのリクエスト機能のようなクリエイターとクライアントさんがより繋がりやすくなるためのツールがあります。そのツールを利用すれば、他のＳＮＳなどでクライアントさんを探したり依頼が来るのを待つよりもお仕事を得やすいというのも大きなメリットです。

　一方、デメリットはやはり**手数料**がかかってしまうところでしょうか。取引を仲介してもらうためにコミッションサイト側へ払う必要があるものですが、元の金額が高いと手数料だけで1万円近くかかることもあり、その分お値段を上げるとクライアントさん側の負担にもなります。

　私は毎回数千円単位の金額引かれることに対し、**「この手数料分だけでももう一仕事できたなあ、ちょっともったいない」と考えてしまうことが増えたため、専業イラストレーターになるタイミングで直接取引をメインにしようと決めました。**直接取引とは、自分とクライアントさんの間に誰も挟まない、具体的にはＸのＤＭやメールのやり取りなどで進めていく取引のことです。

クライアントさん側の方が
メリットが大きい、コミッションサイト
・利用料なし
・お金の持ち逃げが発生しない
・クリエイターが探しやすい
リピーターさんがいれば自然と
コミッションサイトの利用を続けるパターンも

直接の取引メインにしようと決めたあとも、
SKIMA経由でいただけたお仕事も続けていました！

もうひとつのデメリットとして、コミッションサイトはサイトに登録している人同士でしかマッチングできないという、どうしても少々閉鎖的なところがあります。それが取引の安心感につながる面があるので一概には言えませんが、より多くの人からお仕事を受けたい！という方にはデメリットと言えるのかなと思います。

コミッションサイトでの営業はしてもしなくてもいい!?

ここまで書いてきてなんですが……、正直なところ「**コミッションサイトでの営業はしてもしなくてもいい**」と思っています。

ここまで読ませておいて急になんてこと言うんだ〜!? と思われた方、すみません！
正確に言うと、**「コミッションサイトでの営業をする必要がない人もいる」**ということになります。

私の場合は当時、Xのフォロワーさんの数も少なかったですし、まずはお仕事の実績を積むことが最重要と考えていました。そのためお仕事を得やすいコミッションサイトを利用することにしたのですが、すでにフォロワーさんがたくさんいて、コミッションサイト以外のルートからコンスタントにお仕事が来る方であれば、コミッションサイトを利用するメリットが薄れてしまいますので「コミッションサイトでの営業はしてもしなくてもいい」と考えています。

ですが、Xでの営業ではなかなかご依頼がもらえないという場合や、直接取引のリスクが気になる場

行動していくと状況も変わっていきます。
自分の今の状況を分析して
うまくサービスを利用していこう〜！

合にはコミッションサイトで取引を行うメリットは大きいと思います。

コミッションサイトは**お仕事をはじめてみるには最適な場所**です。イラストのお仕事に慣れてきて、デメリットの部分が気になった場合に、コミッションサイトを利用し続けるか、それとも直接取引へ移行するのかを考えればいいのかなと思います。まずはお仕事の第一歩を踏み出しましょう！

Chapter 6

イラストレーターへの道

2年目

❷Xでの直接取引を増やす！

Xでの営業

この営業をやった理由

2022年1月、ついに専業イラストレーターとしての活動をスタート!!……の前に。
2021年12月頃、今後の土台をつくるため私はXにてとあるお仕事の募集をしました。

それまでもXでのお仕事を募集したことはあるのですが、私の当時のイラストによる収入はお小遣い程度でした。

例えば主婦さんなどで収入はお小遣い程度でOK、ということであれば問題ないかなと思うのですが、私は専業イラストレーターとしてお仕事をするにあたって**「会社で正社員として働いている人と同程度の収入があること」**をひとつの目標にしていました。

それを達成・維持するためには、今まで副業としてイラストレーターをしていたときの収入から急激にイラストでの収入を増やす必要があります。

コミッションサイトで専業化できる？

私は当時、ほとんどのお仕事をコミッションサイト経由でいただいていたので、コミッションサイトを主軸に専業になる選択肢も考えました。

コミッションサイトを利用しながら安定してお仕事をするには、次のことが必要だと感じます。

- リクエスト機能での営業を続ける
- リピーターさんに依頼し続けていただく
- ある程度件数をこなす

リピーターさんが多くいてくれるなど、うまく軌道に乗れば仲介業者さんのサポートを受けながら安定してお仕事を得られる貴重な場所になることもあると思います。

私の場合、ありがたいことにリピーターさんはいらっしゃったのですが、スケジュール全体を見直し、目標を達成できるほどか？と分析するとそうではなく、**コミッションサイトに頼りきりではどうしても効率が悪く自分の負担が大きくなってしまう**ことが考えられました。

そこで、イラストレーター専業化を機に**メインで営業する場をコミッションサイトからXなどのよりたくさんの人が見てくれる場所に変えないといけない。**変えないと、自分の目標は達成・維持できない！

そう考え、Xにてお仕事の募集をしてみることにしたのです。

それが、Live2Dを使ったお仕事の募集でした。

リクエスト機能での営業を続けること…

- 提案はある程度時間のかかる作業
- 自分が制作できそうなリクエストがいつもあるわけではない
  しかも不採用が続くこともある

ある程度件数をこなすこと…

- リピーターさんがいるかどうか
- 手数料が高いと感じてきてしまう

例えば手数料が20%だとして、
月に200,000円売り上げると、
その月の手数料は合計40,000円

頑張ろうと思うと
負担に感じることが多い…！

ユッカ、Live2Dと出会う

結果的にですが、現在とても安定してお仕事ができている理由として**Live2Dを使えるようになったから**というのはとても大きいです。最初にLive2Dを勉強しようと思ったきっかけについて少しお話しさせてください。

「自分のイラストが動いたらすごくおもしろそう」

Live2Dとは、**イラストをもとに動くキャラクターを作成できるソフト**です。2Dのイラストからまるで3Dのようなキャラクターをつくれるので、2024年現在でも多くのVtuberさんやソーシャルゲームで使われています。

私もいつかはVtuberさんのお姿を制作したいという気持ちもあるにはありましたが、Live2Dを学んだ1番のきっかけは「**おもしろそう！**」というシンプルな理由でした。当初はお仕事に活かす意図はあまりなく、気づいたら学びはじめていました（笑）。

私がどうやってLive2Dを学んだか、よく聞かれるのですが私はLive2D Cubismの製品サイトにある**「Live2D Cubism チュートリアル」**[6]で学びました。そこではLive2D公式が出してくれているチュートリアル動画が見れるので、私は最初自分でイラストを用意し、その動画を見ながら一通りモデリングしてみました。

そして公式チュートリアルで学べない内容のみ個人的にネットで調べて、Live2Dモデラーさんが書かれている記事を読んだりYouTubeの動画を見たりして追加で知識を得ました。

Vtuberの業界がまだまだ賑わっているのでVtuberさんのお姿を新規で制作するお仕事のお話はよくいただけますし、Live2Dができるようになると**Vtuberさんのお姿の他にもアニメーション作品、ゲーム関連のお仕事もできる**ようになります。

実際にVtuberさんのお姿を制作する以外のLive2D関連のお仕事もたまにいただくのと、作品の内容の関係で実際に受注はしていないのですがお仕事仲介サービス経由でゲーム関連のLive2D業務のお仕事の話はよくいただきます。

6 Live2D Cubism チュートリアル
https://docs.live2d.com/cubism-editor-tutorials/top/

Live2Dを学ぶ、はじめるにはお金がかかるんじゃないか？と思われた方はご安心ください。とりあえず最初は無料ではじめることができます。

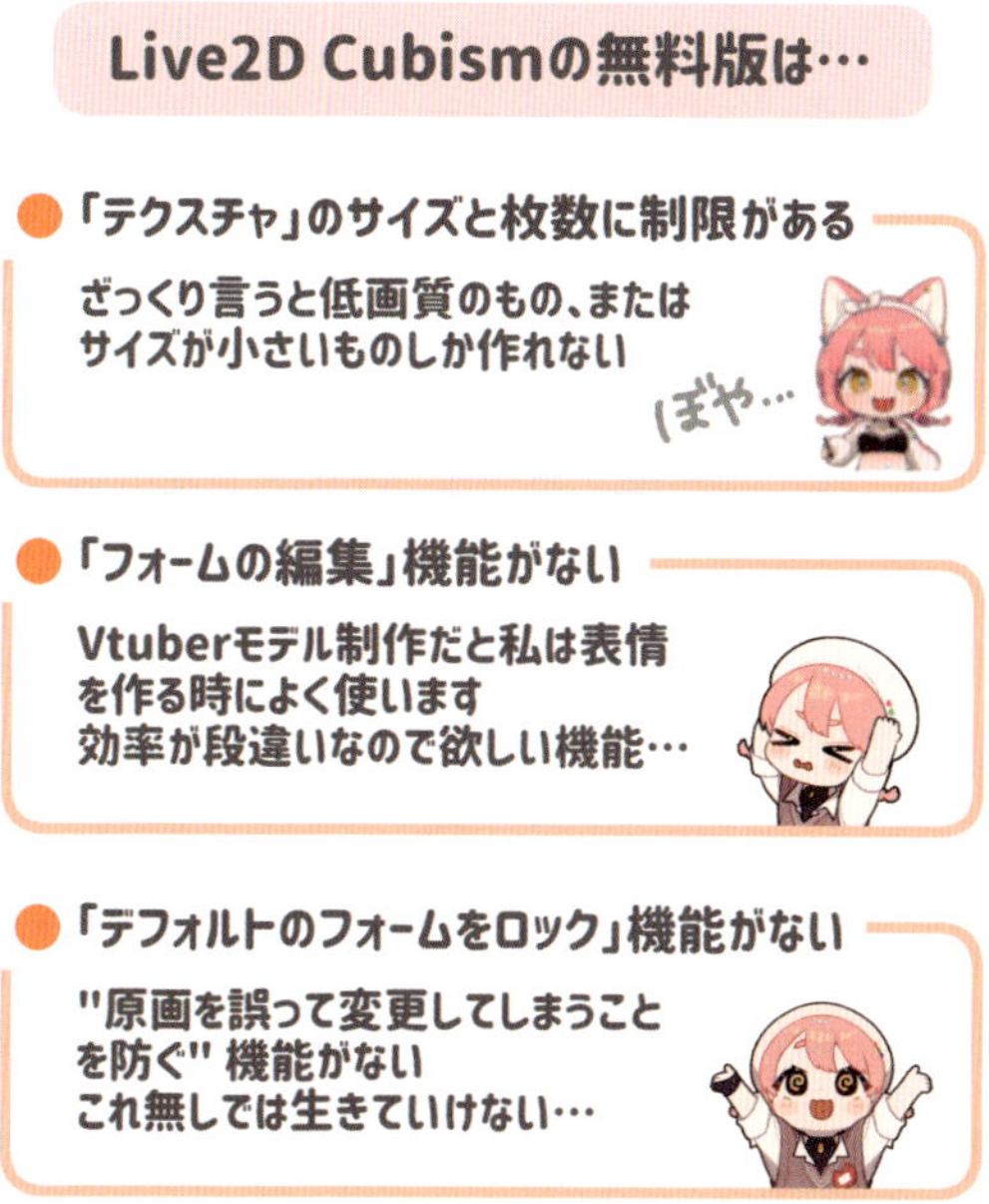
Live2D Cubismの無料版は…
「テクスチャ」のサイズと枚数に制限がある
ざっくり言うと低画質のもの、または
サイズが小さいものしか作れない
ぼや…
「フォームの編集」機能がない
Vtuberモデル制作だと私は表情
を作る時によく使います
効率が段違いなので欲しい機能…
「デフォルトのフォームをロック」機能がない
"原画を誤って変更してしまうこと
を防ぐ" 機能がない
これ無しでは生きていけない…
本気でやりたいなら有料版を！有料版の
無料体験期間もあるのでうまく活用してくださいね

Live2Dソフト（Live2D Cubism）には**フリー版と有料版があり42日間は無料で有料版を体験できる**ため、いきなり月額料金を支払わないと使えないということはありません。

　フリー版はずっと無料で利用し続けることができますが、有料版に比べて**制限がかなり多い**です。特にお仕事ではフリー版は使えないと感じるほど制限があるので、これからお仕事で利用したい場合は特に、**基本的に有料版**を利用することをおすすめします。

ちなみに、Ｌｉｖｅ２Ｄのアニメーション作品のつくり方ですがこちらもＬｉｖｅ２Ｄの公式チュートリアルにアニメーションの作成についての項目があります。わからない点があればインターネットで検索をかけ調べつつ、基本的には公式チュートリアルで学んだことを応用するかたちですぐお仕事に繋げることができました。

複雑な動きがないアニメーションであれば手描きで１枚１枚描くよりも簡単にアニメーション作品をつくることができます。

Ｌｉｖｅ２Ｄをやってみた際はぜひアニメーションにもチャレンジしてみてほしいなと思います。

自分で配信開始時の待機アニメーションを制作、お仕事でも少しだけアニメーションを制作しました！

XでLive2Dのお仕事を募集！

ハッシュタグを使ったお仕事募集

話をXでの営業に戻します。Xで自分からアクションを起こしてお仕事を得るパターンは大きく分けて2つほどあると思っています。

1つめは「**お仕事を募集しています！」という内容のポストを自分で投稿する**こと。この場合はお仕事を依頼したいと思ってくれた方がいればクライアントさんのほうから声をかけてくれます。

2つめは「○○を描いてくれるイラストレーターさんを募集しています！」とクライアントさんが募集ポストをしている場合があります。多くはそのポストに返信して「**私、描けます！」と立候補してクライアントさんの条件にマッチすれば依頼してもらえる**……という流れでお仕事が得られるパターンです。

2つめのほうはSKIMAで言うリクエスト機能のようなものですが、コミッションサイトとは違い、**Xでは膨大なポストの中から発見できなければ立候補することができません。**

探す労力が必要になるため、私は1つめの方法でお仕事を募集することにしました。

みなさんはハッシュタグがいくつかついたこんなポストを見たことはないですか？クリエイターさんだと見たことがある人も多いかと思います。見たことがない方は「**#有償依頼」などでXで検索**をかけてみるとたくさんの例が見れるので、よければぜひ一度見てみてください。

私もまさにそのようなお仕事を募集している旨のポストを流し、実際にお仕事をさせていただくことができました。

次の項から具体的な方法やポイントをご紹介していきます。

point1「経験を積ませてください！」

募集するにしてもすでに実績がないと依頼来なくない？と思われる方もいるかもしれませんが、そんなことはありません！

私は「Vtuberさん向けのLive2Dモデルの制作」でお仕事の募集をしましたが、Live2Dを勉強しはじめたのが2021年10月、お仕事を募集したのが翌月の11月……。もちろん**Live2Dモデルのお仕事の実績はこのとき0件**でした。1体だけ練習でつくった自分用のモデルはありましたが、お仕事として制作したモデルは1つもなく、「この人はちゃんとお仕事として最後まで制作してくれる人だ」とクライアントさんを安心させることができる要素が少ない状態でした。

そこで、**「私にモデリングの経験値を積ませてください！」**というスタンスでお仕事を募集してみました。

内容はVtuberモデル制作にしてはかなり安価である「5万円」という価格でキャラクターデザイン、イラスト制作、Live2Dモデリングまで行うというものです。

モデリング無料!
Vtuberさん モデル制作依頼募集!
〜私にモデリングの経験値を積ませてください〜
@yuckak3
価格 5万円(等身キャラ1体分。今回だけモデリング代無料!)
内容 キャラデザ+レイヤー分けイラスト+モデリング全て込み
納品後すぐ動かすことが出来ます!
納期 2022年2〜3月ごろ予定(受付人数で変動)
定員 1〜2名
募集期限 2022年1月15日(早期終了or期間延長の可能性あり)
✦セット内容✦
●キャラクターデザイン
…1から作るあなただけのオリジナルデザインで活動可能!(等身キャラです)
●イラスト制作
…レイヤー分けイラストを制作します。
●モデリング(+差分5種)
…今回に限り無料です。モデリング見本はツリーに動画を繋げています。
●おまけ
…キャラデザ時に作成したデザインラフ(正面・背面・小物)はお渡し可能です。

実際のお仕事募集ポストの画像[7]。たくさんのお声がけをいただき大感謝です……!

7 Xのポストはこちら!
https://x.com/yuckak3/status/1467473106344505344

〝お仕事としての実績はない〟、〝5万円という安価なお値段〟という2つの点を提示しながら〝経験を積ませてください！〟という打ち出し方をすることで、**「実績がないからこれだけ安いんだ」という納得感**を与えることはできたかなと思います。割引キャンペーンのような感じですね！

私の例はVtuberさん向けのLive2Dモデルの制作ですが、例えば**「実績づくりのために通常より手頃なお値段でイラストを制作します！」**というふうにイラスト制作に置き換えることもできます。

誰しもきっかけがないと実績はつくれません。私の例は実績がないことを逆手に取り、こちらからお願いするようなスタンスでお仕事を募集してみました。

このように、まだ実績がない・少ないときはお値段を下げる方法が効果的。ただし実績が十分にできたときはぜひ胸を張ってしっかりとご自身のスキルにお値段をつけてくださいね！

打ち出し方次第で
「実績がない」が
武器になることも…
当時は安さを武器にしました！

point2 本気であることを伝える

イラスト制作よりも高額になりやすいVtuberさん向けLive2Dモデル制作で「5万円」という価格はかなり安い部類だと思うのですが、それでも**金額だけ見ると高額**です。

たとえこれより安価なイラスト制作であっても根本にあるものは同じで、**そもそもクライアントさんは見知らぬ人間にお金を払うことに抵抗感や不安感を抱きやすい**です。

これはコミッションサイトでの営業の話でも触れましたが、Xでお仕事を募集するということは仲介してくれるサービスがない状態となります。つまり、仲介サイトを利用するときよりもクライアントさんはトラブルに対して不安を抱えやすくなり、クリエイターに依頼をするハードルが上がります。

お値段だけ見ると高額な「5万円」という価格と、お仕事としての実績がない状態……。

このユッカとやら……5万円を払えるほど信用できるのか？


当時の募集ポストを見て興味を持ってくれた方はそんな不安を抱かれていたかと思います。

しかし、私ができるのは本気であることを伝えるのみ。

なんたってこれからの生活がかかっているんだ!!

と、いうわけで、私はこの募集をするにあたっていくつか画像を用意しました。
それらの画像に**「お支払い方法」「お申し込み方法」「補足・注意事項」**をまとめ、**絵柄のサンプル用イラストと練習でつくったモデルを動かしている動画**も用意しました。また、Vtuberモデルではないけれどお仕事としてイラストを描いた実績があることをアピールする意味で、すでに実績があるSKIMAのリンクも貼りました。

≪補足・注意事項≫

✦先着順ではありません。最短でも12/20までは募集します。

✦料金には著作権の譲渡は含まれていませんが、今回の制作物に対して著作者人格権を行使しません。

✦装飾品多め、差分追加などはオプションにて対応可能です。

✦お申込み頂いた後、一度こちらからメールorDMをさせて頂きます。ご連絡先の記載ミスがないようご注意ください。

✦個人の方、事務所所属の方かは問いません。

✦女の子キャラが得意ですが男性キャラも可です！
またキャラの見た目に対するお声の性別も問いません。
人外、獣人も対応できますよ！

✦キャラデザは持ち込みや持ち込みのリデザインも可ですが、キャラデザを私にさせて頂ける方優先になるかもしれません。

✦このキャンペーンで制作させて頂いた「キャラデザ」「立ち絵」「モデリング動画」は実績や見本として私のTwitterやYoutubeなどで公開させて頂くことがあります。

✦私がご依頼品の制作が困難になった場合のみ返金対応が可能です。クライアント様都合での返金は不可とします。

@yuckak3

実際に使用した画像です。現在は使用していないお支払い方法や
注意事項が変わっている部分もあります

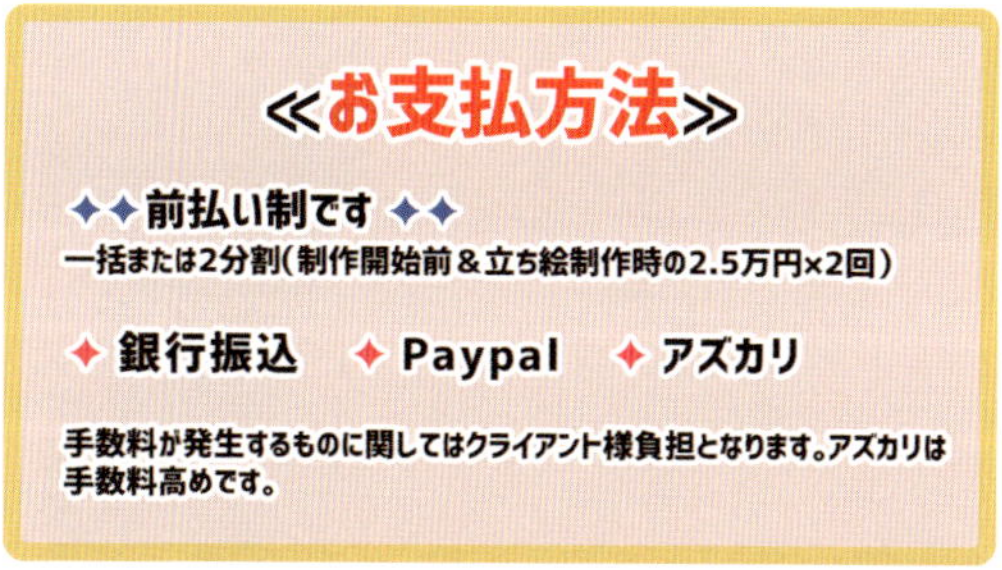
≪お支払方法≫
✦✦前払い制です✦✦
一括または2分割（制作開始前＆立ち絵制作時の2.5万円×2回）
✦銀行振込 ✦Paypal ✦アズカリ
手数料が発生するものに関してはクライアント様負担となります。アズカリは手数料高めです。

≪お申込方法≫
✦✦専用フォームからどうぞ✦✦
お申込み専用フォームをご用意しています。ツイートをご覧ください。
必要事項をご記入の上ご連絡くださいませ！
※先着順ではありません。早期終了の場合も最低12/20までは募集します。
@yuckak3
素敵なご縁があると嬉しいです！

絵柄サンプル

それだけしても不安を感じる方ももちろんいますし、何も保証がない中ではむしろその状態が当たり前かなと思います。

それでも**お支払いの流れや補足情報もある程度細かく事前に案内しておくことで、多少なりともこちらが本気で募集していて最後の納品まで制作したい意思は伝わる**と思います。

Xのような SNS を通じた直接のお取引において、クリエイター・クライアント双方が不安を抱くことは仕方のないことだと感じますが、このような方法でできる限りこちらに誠意があることを伝えることはできます。

実績がない、またはVtuberモデル制作のような高額な案件などの場合はこのような工夫もおすすめです。

point3　次に繋げていく

ご紹介したような方法でXを通じてのお仕事の第1歩を踏み出しました。

そして大変ありがたいことに、これ以降お仕事の募集ポストをすることなくコンスタントにお仕事をいただけるようになりました。

Vtuberさんはモデルだけでなくキービジュアルなども描かせていただいています！

お姿以外も担当させていただく可能性が高いVtuberさんのモデル制作を募集内容に選んだ、というのが現在安定してお仕事をさせていただいている1番大きい要因だと感じますが、それ以外に自分でできる「次に繋げる行動」とはなんでしょうか。

パッと思いつくことといえば「**実績をポストする**」**こと**でしょうか！

「〇〇さんからのご依頼でのイラストを描かせていただきました！」とお仕事で制作したイラストとともにポストするだけでOKです。

趣味で制作したイラストをアップロードしたときと同じようにイラストにいいねなどの反応がつきフォロワーさんが増える効果も期待できますし、作品がお仕事で制作したものであることで「**この人は実績がある**」「**依頼を受け付**

けている」と認識してもらうことができます。

このときクライアントさんのイラスト公開ポストなどをリポストすることで同じような効果が得られますが、自分のメディア欄には作品が残らない点には注意。**Xをポートフォリオ的に使う場合は、リポスト時に自分でもイラストをアップロードしておく**のがおすすめです。

また作品の公開時期や、企業案件などの場合**そもそも公開が許可されているかという点にも十分注意**しましょう！クライアントさんが作品を公開する前に自分で公開してしまうこと、公開が許可されていない作品をネット上にアップロードしてしまうことは信用を失うことに繋がってしまいますからね……！

でもこれだけではご依頼が途切れてしまう

実績はSNSにどんどんアップしよう！

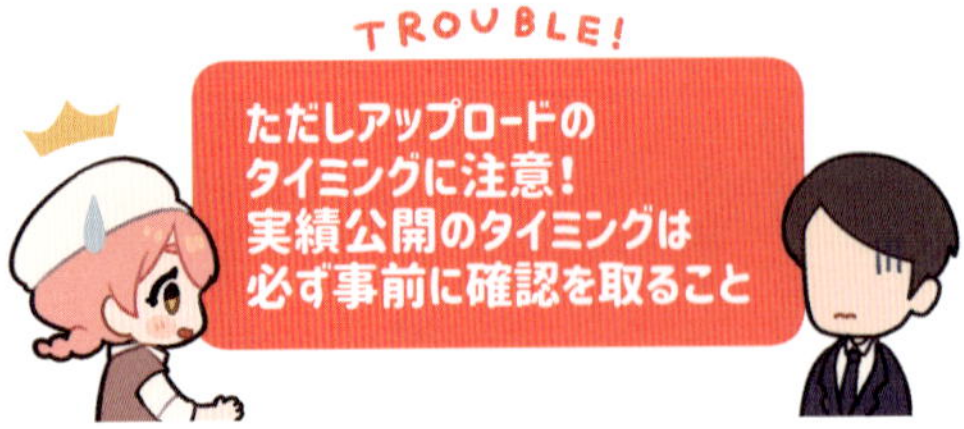
TROUBLE!
ただしアップロードのタイミングに注意！
実績公開のタイミングは必ず事前に確認を取ること

ことも考えられます。

その場合は再度お仕事の募集ポストをしてみるのも手です！　むしろ**お仕事の募集ポストは定期的にやる**、というやり方でもいいかもしれません。このときすでに公開できる実績がある場合は金額を標準に戻した状態で募集していいと思います。

ＳＮＳはどうしてもタイミングが合わないと自分の発信したものが届いてほしい人に届きません。

お仕事が欲しい！と思ったら何度でも積極的にアピールして、クライアントさんと巡り合える機会をつくっていきましょう！このときもお仕事で描いたイラストを実績として同じポストに添付したり、可能であれば料金表も添えておくとクライアントさんは声をかけやすくなると思います。

実績が増えるほど人の目に作品が触れやすくなり、人の目に作品が触れることでお仕事をいただきやすくなります。お仕事をしたあとは実績もどんどん公開していきましょう！

X営業でよかったこと、イマイチだったこと

Xでの営業のメリットとデメリットを解説します。

メリット

- たくさんの人の目につきやすい
- 自由度が高い

デメリット

- トラブルが発生しやすい
- トラブルは自分で対応しなくてはならない

コミッションサイトはそのサイトに登録している人同士でないとお取引を開始することができません。コミッションサイトに登録している人よりもXに登録し利用している人の方が圧倒

的に多いので、**よりたくさんの人にアプローチをかけたい場合はXのほうが優秀**です。

次に自由度が高いというのは、例えば支払い方法はどうするか、取引の際に使用したい連絡ツールはDMか、メールか……などを自分やクライアントさんの都合に合わせることができます。他にも追加料金が発生した際の対応方法はコミッションサイトでは決められた手順を踏まないといけないことが多いですが、直接の取引であればお振込みの際に追加で金額をいただくだけでOKです。

デメリットとしては、**コミッションサイトを利用したときよりトラブルは発生しやすい**のかなと思います。また、トラブルが発生したときには自分で対応しなくてはいけません。

私もいくつかトラブルを経験していますし、SNSなどで料金未払いでクライアントさんと連絡が取れなくなった……というトラブルもよく目にします。

料金未払いのケースであれば、例えばラフの完成時点でお振込みをいただくなどの決まりをつくることである程度のトラブルは防ぐことができます。でも、このように**トラブルを事前に回避するための対策をする場合も自分で考え、行動する必要があります**。

また例として、これは私が経験したトラブルですが……海外の方とお取引した際に、「すでに料金を支払ってもらっているのに音信不通になる、最終的に連絡は取れたもののキャンセルを希望」ということがありました。

クライアントさんのご希望通りキャンセルの方向で対応させていただいたのですが、海外の方とのお取引のためお支払い方法が銀行振込ではなく返金方法が複雑だったこと、またある程度高額かつお支払い手数料のかかるサービスを利用したため、ご入金金額より返金金額のほうがかな

クライアントさんからの入金時、私からの返金時、
どちらにも手数料がかかり3〜4割ほど
少ない金額だったためびっくりされたようでした。ご納
得いただけてよかったです……

り少なくなってしまい若干トラブルになってしまいました。

最終的にすぐクライアントさんにもご理解いただけたのですが、返金方法の説明やなぜ返金額が少ないのかを計算で証明すること、そしてそれらすべて翻訳しながら海外の方とやり取りすること……。対応自体も大変ですし、自分で対応しないといけないのでその分の作業時間が減っていくのもなかなかつらいものでした。

自分で立候補してトラブルを減らす？

経験上やはりコミッションサイトを利用してお取引をするよりはトラブルが多いと感じますが、Xでの営業におけるたくさんの人の目につきやすいという点はとても大きなメリットだと感じます。

また、ここでご紹介した営業方法はクライアントさんからの連絡を待つ方法でしたが、前に触れた通り、クライアントさんが**クリエイターを募集しているポストに対して「私、描けます！」と立候補する方法**もあります。こちらの方法は、立候補する前にクライアントさんのこ

営業する場所の選び方まとめ！

コミッションサイトは…

手数料はかかってしまうけれど「お仕事を探す」場としては最適。
お仕事に不慣れな方や積極的にお仕事を獲りに行きたい方におすすめ。

Xなど直接取引は…

トラブル対策、対応はすべて自分ですることに。
ただし自由にお取引ができること、手数料がないこと、たくさんの人に営業ができることは大きなおすすめポイントです。

自分のスタイルや目標に合わせて
都合のいいほうを利用してみてね！

それでもどちらがいいのか迷う！ という方は
どっちでもいいのでまずはやってみよう！

とを下調べすることができますので、多少なり余計なトラブルを減らせるのかなと考えています。

クライアントさんが依頼先を探しているポストは「#イラスト依頼」「#イラストレーター募集」などで検索すると引っかかりやすいので、なるべくトラブルを減らしたい、お仕事を率先して探したい方はこちらも試してみてください。

それでもトラブルが不安な方は比較的安価で受けられるアイコンイラストなどから依頼の受け付けをはじめてみるのもおすすめです。

お仕事を安定していただくには

私の場合はLive2Dでのお仕事が大きかったけれど

今回ご紹介したこのXでの営業で、結果的に私は現在とても安定してお仕事をさせていただいています。

そしてお金の話になってしまいますが、最初に目標に掲げていた「会社で正社員として働いたときと同程度の収入があること」も途切れずに継続できています。

このように専業イラストレーターとしていいスタートが切れたのにはちゃんと理由があると考えています。

それは**「Vtuberさん向けLive2Dモデル制作でお仕事を募集した」こと**です。

なぜこれを選んだのか、すごく単純ですがVtuberさんのモデル制作をしたかったからです。

イラストレーターさんは
誰なんだろう…？
＼配信中／
comment
ご依頼が来る！

Vtuberさんのご活動で私を知ってくださる方も。
とってもうれしいですよね！

「おもしろそう！」という勢いで学びはじめたLive2Dでしたが、どんどんできることが増えていくにつれて「Vtuberさんのお姿もつくれるかも？ つくりたい！」という気持ちが強くなっていきました。

ただし同時に、なんとな〜くイラストを見てもらえる機会が増えるかな？ お仕事の幅が広がるかな？ とは考えていました。

実際にお姿を担当させていただいたVtuberさんが活動してくださることで、大変ありがたいことに私のイラストや技術に興味を持っていただける機会が増えました。

私がお姿を担当させていただいたVtuberさんを見てイラストの依頼をいただいたり、

「自分もこの人にVtuberモデルをつくってほしい」と思ってくれた方からVtuberモデル制作のご依頼をいただいたこともありました。

自分がイラストを描いてSNSで発信をするだけでは見てもらえなかった層にも自分のイラストをたくさん見てもらうことができ、それが他のお仕事に繋がった……これが私がイラストレーターとしていいスタートが切れた理由だと考えています。

「じゃあ同じことをしたいならLive2Dも学ばなければいけないのか？」と思われるかもしれませんが、そんなことはありません！**イラストの技術だけで大丈夫**です。

ネット上で活動している方のお手伝いをする

私の場合はイラストもモデリングも1人でやりましたが、Vtuberさんのお姿を担当される方はイラスト担当とモデリング担当に分かれていることが多く、**イラストさえ担当できればほぼ同じ効果が得られる**と思います。

もちろんLive2Dの知識があるととてもスムーズに作業ができますが、イラストが描けたらVtuberさんのお姿を担当するお仕事はできますので興味のある方は私と同じ要領で、立ち絵のみのお仕事を募集をしてみてもいいかもしれません。

また、「Vtuber」という肩書きに関わらず、**ネット上でなにかしら活動している人のお手伝いをさせていただくのは安定してお仕事しやすい**と思います。

曲をつくられている方であればMV用のイラストが必要かもしれません。音声作品を制作や販売をされている声優さんは作品販促用のイラストが必要かもしれません。

お仕事を募集するためのポストをするときに、MVイラスト描けます！など**特定の層をターゲットにする**のも見

イラストを依頼したい人の例
楽曲を作る人なら
MV用のイラストや…
小説を書く方には
表紙・宣伝用イラスト…
音声作品を作る方は
販促用イメージイラスト…
自分がやりたいことと
マッチしているものがあれば
それを押し出してみてもいいですね！

つけてもらうひとつの手だと思います。そうすれば、クライアントさん側は「この人は通常のイラストじゃなくてMVを想定したイラストも受け付けている人なんだ!」と認識してくれて依頼しやすくなるはずです。

続けていけば、紹介のご依頼も増える

そして、実績を重ねるたび、少しずつになってしまうかもしれませんが自分を知っている人が増え、そのままお仕事を続けているとだんだんとクライアントさんのほうからお声がけしてもらう、ということも増えていくはずです。

私の場合はVtuberさんの活動をきっかけにいただけるお仕事のほかに、**人からのご紹介でお仕事をいただけるパターン**も増えました! 自分の知り合いからの紹介だったり、一度私にご依頼していただいた方からのご紹介ですね。

①イラストレーターを探す、イラストを発注する、ということに慣れていない方が「誰かイラスト描ける人、知らない？」と私の知り合いに相談する

↓

②知り合いから「こういうの制作できないか？」と相談を受ける

↓

③お仕事として依頼を受ける

このようなパターンが多いと感じます。

ＳＮＳを見ていると、イラストを描かない方が「こういうイラストが欲しいけど誰に依頼したらいいのかわからない」と発言しているのをたまに目にします。

我々クリエイター側は「依頼が来ない！」と焦ったり不安になったりする人もいると思うのですが、**逆にクライアントさんも「誰に依頼したらいいのかわからない！依頼できるクリエイターを知らない！」と困っている人が多い**のだと思います。

人からのご紹介でいただいたお仕事はそういう経緯で話が来ることが多かったです。

自分から狙ってご紹介いただくことは難しいのですが、親しい人などにイラストのお仕事をしている、ということを伝えておくと意外なところからお仕事が来るかもしれません。

フォロワー数を稼ぐ方法よりかなり地道ですが、**継続することで、特別知名度がなくても安定してお仕事をする道はあります。**

逆に継続することをやめてしまう、ＳＮＳも更新がない……なんてことがあるとたくさんフォロワーさんがいる方でもお仕事は来なくなります。

それでも食らいつきたい！がんばりたい！という方は参考にしてみてください。

継続が大事ですよ！

Column

学ぶスキル、学ばないスキル

私は子供の頃から常にあれをやりたい！　これをやりたい！　と、やりたいことが永遠に尽きないタイプです。

修行中の2年間でも、Live2Dをはじめ、グラフィックデザイン、動画編集（YouTube）など、いろいろなことに手を出しました。結果、自分のやりたいことにどんどんチャレンジしたことで今たくさんお仕事をいただけている状態をつくれていると感じます。

これは少しふわっとした内容に感じさせてしまうかもしれませんが、**やりたいことができているときって、とても充実していてすごく楽しいと思うんです。そしてそういうポジティブな気持ちは周りの人にも伝わります。**

そういう人はやはり周りの目を引くと思いますし、実際私のお友達にも自分のやりたいことをひたすらやり込んでいくうちにたくさんの人と繋がって、現在趣味を仕事にしている……そんな人がいます。

新しい技術を身につけるということはシンプルにできることが増えるだけでなく、私はそのような効果もあると思っています。

私はこれを読んでくださっているみなさんにはやってみたいと思ったことはぜひあれこれチャレンジしてみてほしいなと思っているのですが、その反面、実は私には「やりたいけどやってない」こともあります。

これは時間がないからできないというわけではなく、意図的に避けているという意味です。そのやってないことのひとつとしてロゴデザインの勉強があります。

なぜロゴデザインを勉強したいと思ったか。それは、自分が「好きだな」と感じるイラストのレイアウトや構図にデザインの要素が含まれていることに気づいたことがきっかけです。創作キャラクターのイラストの横にそのキャラクターをイメージしたロゴもつくって配置しているイラストを見かけ、私もやりたい! ロゴデザインってかっこいい! と感じたことからロゴデザインを学びたいと思いました。

知識がない状態での制作で
とても難しかったです
miao
miao

イラスト本「miao」のロゴ。素人の作品ですが
なかなかかわいくてお気に入りです！

ですが結局学んで自分のスキルにすることは現時点でしていません。

普段使用しているイラスト制作用のソフトでも簡単なロゴの制作はできますが、やはりお仕事にするならデザイン専用のソフトを使用したい。そして個人的にはイラストの勉強と同じように言葉で説明できるような専門的なロゴデザインの知識を得てから仕事にしたい、とも思います。でも、新しいソフトの使用方法からデザインの知識まで学ぼうと思うと、やはりある程度時間がかかることが考えられます。

私はやりたいことはたくさんあるものの、やはり**イラストをメインで活動したい**と考えています。ロゴデザインを学んでお仕事にできるまでの労力、イラストを極めたいという気持ち……、現実的な問題と自分の気持ちのバランスをとり、「ひとまず今はロゴデザインに手を出すのはやめておこう」という結論に落ち着きました。

現在ロゴデザインは自分の趣味の範囲で簡単なものを制作したり、実はロゴデザインをお仕事でさせていただくこともあるのですが、その場合は専門的な知識があるわけではないことを一言お伝えし、了承いただいた上で制作させていただいています。

ただ、Live2Dに関しては本格的に学び、お仕事として受け付けられるくらいには頑張りました。

ロゴデザインよりも学ぶための労力はかかりそうですが、Live2Dを頑張った理由は2つあります。

1つはシンプルに「やってみたい！」という気持ちが強かったこと。

2つめは**自分のイラストが活かせる**こと。

なんといっても**1番の原動力はやってみたい、楽しそう！という気持ち**。Live2Dを学ぶ段階では何回も意味がわからない！なんで!?とつまづいたことを覚えているのですが、それでもVtuberさんのお姿を担当してみたい！　という気持ちがとても強かったため、お仕事で通用するレベルまで極めることができました。

２番目の理由として、自分のイラストが活かせることも大きかったと思います。Live2Dモデラーさんは自分ではない誰かが描いたイラストを動かすパターンも多いですが、私の場合は自分でイラストが用意できます。

自分で用意したイラストを自分で動かすので、完成した作品も「自分のイラスト作品」と言えますし、Live2D用にイラストを描くことでもイラストの技術が向上していくので、イラストを極めたいという自分の気持ちも尊重してあげることができます。

イラストをもっと極めたいと思っているけどLive2Dはやってみたい…
自分のイラストが活かせるLive2Dは「やってみたい！」の気持ちを尊重して勉強しました！

正直なところ、Live2Dに手を出したときはただただ「やってみたい!」という気持ちでしたが、今Live2Dを学んでよかったと思える理由はここにあると思っています。

もしイラスト以外にもやってみたいことがある方は、自分のやってみたい! という気持ちの強さ、そして自分がメインでやりたいことの足を引っ張らないか? お仕事に活かせるか? という部分を考えてみて判断してみるのがいいと思います。

その中でも、**気持ちの部分を大切にしてほしい**なと思います。

今回のお話ではロゴデザインは選ばなかったものとしてご紹介しましたが、もし私にロゴデザインをもっともっと極めたい! という気持ちがあれば迷いなく学んでいたと思います。

そして**ロゴデザイン×イラスト、というふうにイラストが同時に活かせる売り出し方をしてお仕事に活かしていたと思います**。例えば小説を書かれている方などが作品を製本したい場合にはタイトルロゴと表紙イラストが欲しいという方も多いと思いますし、「ロゴとイラストを同時に担当させていただけたら少し割引します!」というようなアピール方法でお仕事を募集・獲得できるかもしれません。

自分のやりたい気持ちを大切に、そしてせっかく学んで習得したスキルがあれば活かしていく工夫ができたらよりプラスになるかと思います！

イラスト×〇〇の例

イラスト × Live2D
Vtuberモデルやアニメーションのお仕事…
イラスト × デザイン
感謝のおえかき！
販促用画像、サムネイル、同人誌デザイン…
イラスト × フォント
〇〇フォント
フォントの販促用イラストを描いて売り出したり…

スキルの掛け合わせによっては唯一無二な
強みができそうですね！

Chapter

7

専業化！
そして一人前の道へ

2022年1月、ついに専業イラストレーターとしてお仕事を開始しました。

プライベートの事情があり2021年11月半ば頃に急に専業になることを決めたので、正直専業としてやっていくための土台や準備は整っていないまま専業イラストレーターになりました。

しかしありがたいことにVtuberさん関連のお仕事をさせていただいたことやYouTubeをはじめたことをきっかけに、ここまでかなり順調にイラストレーターとして安定して活動させていただいています。

この章では最後に、2年間専業としてやってみて感じたこと、考えたことをいくつか皆さんにも共有できればと思います。

私の現在の話

やっぱりフォロワー数も大事？

ところで、あれ？と思われた方もいるかもしれませんが、私がイラストレーターになりたいと思ったきっかけである**ソーシャルゲームのキャラクターイラストを描く夢はまだ叶っていません。**それどころか、その夢を叶えるためにおそらく必要な行動であろう**フォロワーさんの数を増やすこともほとんど実践できていない**のです……っ！

数を意識しなきゃという焦りはあっても、そのために行動する時間が取れないほどコンスタントにお仕事をいただけていました（感謝しかありません……！）。

お正月などのイベント時に落書きをアップするなどイラスト投稿を頑張ってみるのですが、たまに更新する程度が限界……！

しかし**「人に知ってもらう」ということはとても大事で、知ってもらえさえすればお仕事も自然と舞い込んでくる、**ということをこの2年間で感じました。

なかには依頼するクリエイターを選ぶ際にフォロワー数

を重視するクライアントさんもいます。

自分がやりたい仕事をするため。そして今後も長くイラストレーターをやるため。

自分のやりたいこと、目指したいところがどこかを考えたとき、私は今後の動き方を見直す必要もあるのかなと感じています。

当初の計画の半分は達成！

私の当初の計画はこうでした。

比較的受注単価の高いＶｔｕｂｅｒさんのお姿を制作するお仕事をさせていただくことで専業イラストレーターになってすぐの数か月間を安定して過ごし、その数か月の間にＳＮＳへのイラスト投稿をしてフォロワーさんを増やす、同時にＳＫＩＭＡも活用しながらこの数か月が終わったあとに制作開始するお仕事を獲得しに行くことで仕事が絶えず受注できている状態にしよう！　……そんな計画をしていました。

ところがどっこい！　大変ありがたいことに、**数か月経ってからも新規でＶｔｕｂｅｒさんのお姿を制作するご依頼のお話をたくさんいただきました。**同時に、ＳＮＳにイラストを投稿することはほとんどできていないながらもVtuberさんが活動してくださることで自然と私のイラストを見てもらえる機会が増え、**Vtuberさんのモデル制作以外にもいろんなところからお仕事のお話をいただけるようになり、自然とスケジュールが埋まっていきました。**

専業直前！ユッカの計画は…
高単価なVtuberモデル制作で
最初の数か月を安定させよう
モデル制作依頼募集！
安定しているあいだにイラストを
たくさんアップしてフォロワーさんを増やすぞ！
うおおおお!!
数か月後、たくさんの人にイラストを見てもらい
たくさんのフォロワーさんを抱えたユッカの姿が…
なかった

ただしお仕事をコンスタントにいただけていたので
結果オーライ！

そして現在もその連鎖がまだ少し続いていて、安定してお仕事をすることができている状態です。

ポーズ、デザイン、影のつけ方、塗り方…
同じキャラクターイラストでも描き方が全然違う2つ

似ているようで描き方が全然違う。ゲームを想定したイラストを思うように描けてないのが現実ですが……

Ｖｔｕｂｅｒさんのお姿を制作するお仕事とソーシャルゲームのキャラクターイラスト。どちらもキャラクターデザインをしてキャラの全身イラストを制作する部分は共通しているのに、**使用用途もジャンルも結構違うお仕事**です。

現在自分が本来やりたいと思ったことに手を出せていないことに対してどう思っているのかを少しだけお話ししたいと思います。

ガチャイラストは描けていない、けれど

私はＶｔｕｂｅｒさん関連のお仕事がたくさんできてよかったなあと感じています。順番的にはソーシャルゲームのキャラクターイラストを描きたい！と思ったほうが先でしたが、Ｖｔｕｂｅｒさん関連のお仕事も自分のやりたいことだったため、今の状態に納得し楽しくお仕事ができています。

それに今イラストのお仕事をしようと思うと、Ｖｔｕｂｅｒさんのようなネット上で活動している方のお手伝いをさせていただく機会はとても多いです。その業界に詳しくなれたのは大きな強みだと思っています。

さらに言うと個人的には今後、「Vtuber」という肩書きや「Live2Dモデル」という形式にこだわらず**ネット上で自分のアバターを持つことがより浸透する**のではないかと思っています。特に配信活動などをしていなくても、例えば自分でイラストは描かない音楽・動画系のクリエイターさんが自分をイメージしたキャラクターイラストを誰かに依頼し、そのイラストをアイコンにしているというのもよく見かけます。

また何かネット上で活動をされる方の場合でも、Live2Dモデルにこだわる必要はなくイラスト1枚、またはイラスト1枚＋表情差分数枚だけあればイラストを動かせるツールなども今はありますので、そのハードルの低さからアバター文化のようなものは今後より浸透していくのかなと考えています。

Vtuberさんのような活動者さんだけでなく、今はフリーランスのクリエイターさんが多くいます。

活動に自分の姿が必要なVtuberさんに限らず、今後はいろんな人が自分のアバターやオリジナルキャラを持ちたいと思うようになるのかなと思っています

そして今後も増えていくと思っています。

ライバルが増えるのか!? とも感じられるかもしれませんが、**私はそれによってイラストのお仕事が増えると考えています。**

Chapter6で触れたように、例えば作曲されている方はMV用のイラストが、小説を書かれる方はイメージイラストや印刷する場合は表紙イラストが……何かを制作するにあたってイラストが欲しい！ というクリエイターさんもたくさんいるはずです。

つまり、**イラストレーターとしてお仕事を獲得するハードルは今以上に下がっていく**と考えています。

それらの環境が、きっとイラストレーターのお仕事にチャレンジしてみたい！ という方の背中を押してくれます。頭の隅にこちらも入れておいてほしいなと思います。

私の今後の話

イラストレーターになりたいきっかけとなったソーシャルゲームのキャラクターイラストを担当する！　というお仕事を獲得するための行動はできていないけれど、現在納得して楽しくお仕事ができている……というお話をしました。

最後に今後について考えていることをお話しさせていただきます。
私が今後やりたいことは次の3つです。

- SNSへのイラスト投稿→フォロワーさんの獲得と知名度アップ
- Vtuberさんのお仕事を今後も続けていく
- YouTubeでたくさん遊びたい！

SNSへのイラスト投稿→フォロワーさんの獲得と知名度アップ

まずはなんといってもこれ！ 今までできなかった**SNSへのイラスト投稿**を頑張りたいです。

ソーシャルゲームのキャラクターイラストを担当することは自分の叶えたい事柄のひとつとして揺るがないので、またこの夢に近づけるように行動したいと思っています。

これを実現するために、まずは**若干だけイラストのお仕事をセーブする**ことを考えています。例えば月に平均3～4件ほどお仕事をさせていただくことが多いのですが、それを月2～3件ほどに減らします。

現在大変ありがたいことにXfolioファンコミュニティ（2023年まではFANBOXを利用）からの収入やたまに手に取っていただける過去のイラスト本の売り

イラスト本などの売上
パトロンサイトのご支援金
miao
いつもありがとうございます…

上げなど、直接スケジュールをとってイラストを描いて……で得るわけではない収入もある状態です。

お仕事の受注を減らすと収入が減ることは避けられませんが、専業イラストレーターになったばかりにはなかった収入もあることで今はＳＮＳへイラストを投稿することもしやすい環境になったと感じています。


またお仕事によってはＳＮＳのフォロワーさんの数がひとつの条件になっている場合もあります。「フォロワー数○○人以上」でないと受注できないなど……。

私が今後やってみたいお仕事はまさにある程度の実力、知名度がないとそもそも受注できないパターンも多く、**私の場合はどうしても通らないといけない道**になっています。

自然とお仕事がたくさんいただける環境をつくりたいという意味でも、今後最優先でチャレンジしたいことがＳＮＳへのイラスト投稿です。

Ｖｔｕｂｅｒさんのお仕事を今後も続けていく

次にVtuberさんのお仕事を今後も続けていきたいと思っています。お姿を制作するだけでなく、歌ってみた動画などのイラストやVtuberさんがPR案件などをする際のイラスト面でのお手伝いなどVtuberさんの活動にも関わっていきたいと考えています。

専業イラストレーターになってから約２年、Vtuberさんにたくさんお仕事で関わらせていただき、Vtuberの世界が自分にとってすごく魅力的であることに気づきました。

自分の体を持ち、自分のやりたいことをする……**そんなVtuberの世界は**

自分だけの体をもって、
自分のやりたいことをして、
人と繋がっていって…
そんな楽しいVtuber業界に
もっと関わっていたいと思いました！

キラキラしていて、誰を見ても楽しそうで、もっとこの業界に関わっていきたい！と感じました。

自分のイラストが動いたら楽しいだろうなあ、いわゆるＶｔｕｂｅｒさんのママになってみたい！

……そんな気持ちで足を踏み入れたＶｔｕｂｅｒ業界ですが、今はＶｔｕｂｅｒの文化自体がとても好きになりました。今後もＶｔｕｂｅｒさん関連のお仕事も変わらずしていきたいと思っています。

ＹｏｕＴｕｂｅでたくさん遊びたい！

最後にＹｏｕＴｕｂｅでたくさん遊びたい！ですが、これはちょっとお仕事の話から外れたり外れなかったりするお話になります。

ＹｏｕＴｕｂｅをはじめたきっかけはこの本で伝えたいことと同じで「**私でもできたから大丈夫！誰かのためになれたらうれしい**」という気持ちでした。そこから私が専業イラストレーターになるまでにやったことやコミッションサイトの活用方法を動画にして公開しました。
それより前から**なんとなく楽しそうだからという理由で「お絵描き配信がしたい」**とぼんやり考えていて、実は動画投稿をする前から練習と称してこっそりと配信活動をしていました。おしゃべりの練習がしたかっただけなのでＬｉｖｅ２Ｄモデルもない状態で、かつ視聴者さんが誰もいなくてもべらべらとしゃべり続けていて恥ずかしいので現在は非公開にしています……。

そんな経緯を経てから自分用のＬｉｖｅ２Ｄモデルを制作し、ＹｏｕＴｕｂｅを本格的に始動し動画もアップロードしだした頃、正式に（？）配信活動もはじめました。

これが……楽しい!!!

元々人と交流することが好きなのに専業イラストレーターになったことで人と触れ合う機会が減ってしまい、配信でリスナーさんのみんなとやり取りできることにより楽しさを感じてしまいました。

また自分の制作したＬｉｖｅ２Ｄモデルを使用できること、配信画面も自分好みにカスタマイズできること、配信ならではの企画などもできたことなどすべてが自分にとって楽しい要素であったため、今やお仕事の合間にご褒美的に配信をしていることが多いです。

ちなみに配信活動は趣味や遊びの範囲で楽しんでいます。

活動をすれば当然誰かに自分のことを知ってもらえるので、配信で私を知ってくれた方からお仕事の話をいただいたり、リスナーさんからskebを経由してイラストを描かせていただくことはあります。

しかし**イラストのお仕事がしたいならイラストを描き続けるべき**。動画や配信をせずイラストを描き、投稿し続けるほうが絶対に効率がいいはずです。

そのため私も**「楽しい時間を過ごす」目的**でYouTubeの活動をしています。

配信活動をしていると自分が楽しいだけでなく「配信を見るのが楽しい」と言っていただけることも増

YouTubeで「秋冬の衣装を募集する」企画を開催。
採用させていただいた衣装デザインは実際に
私のモデルに実装しました！

え、そのように見てくれた方たちからリアクションをいただけることでもっとやりたい！という気持ちが加速していきました。

あとこれはもはや笑ってほしい話なのですが、私の特技はダンスで、実は私の経歴ややったことの動画をアップロードし終えた頃、今度は実写のダンス動画もつくってアップロードしたいと目論んでいました。**……一体何のチャンネルにするつもりなんだ⁉︎**

そのくらい軽い気持ちではじめたＹｏｕＴｕｂｅですが、今やＰＲ動画系の案件もいただいたり、シンプルに私のＶｔｕｂｅｒとしての姿やトークを売りにするような案件のお話もいただけるようになりました。

基本的にＹｏｕＴｕｂｅは趣味や息抜き、遊びで利用しつつも、たまに私にビジネス的な価値を感じてくださっている方のお手伝いもする。そんな感じでＹｏｕＴｕｂｅとうまく付き合っていきたいなと考えています。

あとがき

ここまでこの本を読んでいただき本当にありがとうございます！

いかがだったでしょうか。

今回書籍の話をいただき実際に執筆しはじめてから、自分がどれだけいつも感覚で動いているかを思い知ることとなりました。自分がなんとなくで考えてやってきたことを言語化することが難しいのなんの……。

自分では当たり前だと思って書かない方向で進めていたことも、担当さんにアドバイスいただき、私が考えたり行動してきたことを事細かに書かせていただきました。担当さんには感謝しかありません。ありがとうございます！

おかげで、意外なところで読者の方に「そうすればよかったのか！」と思ってもらえた点もあるかもしれません。

もし感想をいただける場合はハッシュタグ「#ユッカちゃんあのね」を使ってXなどでつぶやいてくださるとすごくうれしいです。私もがんばってエゴサして見に行きますので！

余談ですが、まさかまさか自分が書籍を出すだなんて人生で1ミリも想像していなくて、担当さんから初めてご連絡いただいたときは「詐欺かもしれねえ……」と強く疑ったことをよく覚えています。すみません……（笑）。

イラストを描くことは楽しい！

なんとなくイラストを描くことが趣味で、でもなんとなく就職したりイラストレーターという道を知らないまま大人になったり。で、大人になってから夢ができたり……。

イラストレーターはどちらかというと職人気質な職業なので、イラストレーターになるには専門の学校に通わないといけないんじゃないのか？と考える方も少なくないと思います。

私は小中学生の頃から結構がっつりネットを利用していたのですが、その頃〜例えば10年くらい前と比べるとイラストを依頼したいという人は格段に増えていると感じますし、フリーランスのイラストレーターという職業は意外に手が届きやすい職になっているのではないかなと思います。

ただし、会社員さんなどと違いお給料が安定しておらず、専業イラストレーターになってみたけど続かなかった、なんて未来も考えやすい職業です。

そのため私も無責任に「みんなイラストレーターになりなよ！」とは言えません。

けれど、それでも夢がある、大好きなイラストをお仕事にしたい！という熱い気持ちを抱いた方の背中を押したくてこの本を書きました。

中にはすでに家族がいるお父さんで、イラストレーターに本気でなりたいけど家族がいるからリスクは負えない、この本に書いていることはできないよ！なんて方もいるかと思います。

無理はしてほしくないですが、そのように事情がある方もおそらく副業であればどうにか手が届くのではないでしょうか。

副業として収入を得ることが禁止されているならまずは完全に趣味で絵を描き続け、SNSのフォロワーさんの数を増やすことからはじめてみるなど……。

それができたらお仕事の話も舞い込んでくると思いますので、そこから家族の方と相談する、という手もあるように思います。

そのようにきっと私のご紹介した方法がぴったり当てはまらない方も多いと思います。

そんな方には自分に当てはめられる部分をつまむように参考にしていただき、少しでもご自身のやりたいことに近づけるヒントになればうれしく思います。

✦ ✦ ✦

私もイラストレーターとしてはまだまだひよっこで、イラストレーターになりたいと思ったきっかけの夢もまだ掴めていません。

イラストレーターとして少しだけ道を歩めた私の道のりが少しでも参考になりますように。
私もいつかいい報告ができるようこれからも精進します！

最後に。行き詰ったときはまず1番にイラストを描くことが楽しい！という気持ちを忘れないようにしてほしいなと思います。

楽しい、好き！という気持ちを忘れないことが1番の近道です。

なかなかポジティブな気持ちが持てないときはぜひYouTubeを覗いて私に会いに来てくださいね。パワーをモリモリ分け与えますので！では！

読んでくださってありがとうございました！
この本に書いてある小さなことでも、
がんばるあなたの背中を押せていたら
とっても嬉しく思います！
ユッカ
Illustrator
ユッカ
（ロゴ：芝山綾乃様）

Profile

ユッカ

フリーランスイラストレーター / Vtuber。XとYouTubeにて活動中で、「かわいい、おしゃれ」なイラストが得意。配信活動は息抜きとしてリスナーさんとの交流を楽しんでいます。

Staff

ブックデザイン／マツヤマ チヒロ（AKICHI）
DTP／リンクアップ
編集／石井亮輔

お問い合わせについて

本書の内容に関するご質問は、Webか書面、FAXにて受け付けております。電話によるご質問、および本書に記載されている内容以外の事柄に関するご質問にはお答えできかねます。あらかじめご了承ください。

〒162-0846
東京都新宿区市谷左内町21-13
株式会社技術評論社　書籍編集部
「イラストレーター、最高〜〜〜!!!」質問係
Web　https://book.gihyo.jp/116
FAX　03-3513-6181

なお、ご質問の際に記載いただいた個人情報は、ご質問の返答以外の目的には使用いたしません。また、ご質問の返答後は速やかに破棄させていただきます。

イラストレーター、最高《さいこう》〜〜〜!!!
中卒《ちゅうそつ》アルバイトがプロになる2年間《ねんかん》でやったこと

2024年10月15日　初版　第1刷発行
2024年12月26日　初版　第2刷発行

著者　ユッカ
発行者　片岡　巌
発行所　株式会社技術評論社
東京都新宿区市谷左内町21-13
電話　03-3513-6150　販売促進部
03-3513-6185　書籍編集部
印刷／製本　日経印刷株式会社

定価はカバーに表示してあります。

造本には細心の注意を払っておりますが、万一、乱丁（ページの乱れ）や落丁（ページの抜け）がございましたら、小社販売促進部までお送りください。送料小社負担にてお取り替えいたします。

ISBN978-4-297-14391-6 C3055
Printed in Japan